高含硫气藏开发理论与实验丛书

高含硫气藏液硫吸附对储层伤害的影响研究

郭 肖 著

科 学 出 版 社
北 京

内 容 简 介

本书内容涵盖高含硫气藏流体相态特征、元素硫溶解度实验和预测模型、考虑液硫吸附和应力敏感的硫饱和度模型、高含硫气藏液硫吸附储层伤害实验以及液硫吸附对地层储层参数及气井产能的影响研究。

本书可供从事油气田开发的研究人员、油藏工程师以及油气田开发管理人员参考，同时也可作为大专院校相关专业师生的参考书。

图书在版编目(CIP)数据

高含硫气藏液硫吸附对储层伤害的影响研究 / 郭肖著.—北京：科学出版社，2021.3
（高含硫气藏开发理论与实验丛书）
ISBN 978-7-03-067769-3

Ⅰ. ①高… Ⅱ. ①郭… Ⅲ. ①含硫气体-影响-油气藏-储集层-研究
Ⅳ. ①TE258

中国版本图书馆 CIP 数据核字（2020）第 264394 号

责任编辑：罗 莉 陈 杰 / 责任校对：彭 映
责任印制：罗 科 / 封面设计：墨创文化

科学出版社 出版
北京东黄城根北街16号
邮政编码：100717
http://www.sciencep.com

四川煤田地质制图印刷厂印刷
科学出版社发行 各地新华书店经销
*
2021 年 3 月第 一 版 开本：787×1092 1/16
2021 年 3 月第一次印刷 印张：10
字数：234 000

定价：149.00 元

序　言

四川盆地是我国现代天然气工业的摇篮，川东北地区高含硫气藏资源量丰富。我国相继在四川盆地发现并投产威远、卧龙河、中坝、磨溪、黄龙场、高峰场、龙岗、普光、安岳、元坝、罗家寨等含硫气田。含硫气藏开发普遍具有流体相变规律复杂、液态硫吸附储层伤害严重、硫沉积和边底水侵入的双重作用加速气井产量下降、水平井产能动态预测复杂、储层-井筒一体化模拟计算困难等一系列气藏工程问题。

油气藏地质及开发工程国家重点实验室高含硫气藏开发研究团队针对高含硫气藏开发的基础问题、科学问题和技术难题，长期从事高含硫气藏渗流物理实验与基础理论研究，采用物理模拟和数学模型相结合、宏观与微观相结合、理论与实践相结合的研究方法，采用“边设计-边研制-边研发-边研究-边实践”的研究思路，形成了基于实验研究、理论分析、软件研发与现场应用为一体的高含硫气藏开发研究体系，引领了我国高含硫气藏物理化学渗流理论与技术的发展，研究成果已为四川盆地川东北地区高含硫气藏安全高效开发发挥了重要支撑作用。

为了总结高含硫气藏开发渗流理论与实验技术，为大专院校相关专业师生、油气田开发研究人员、油藏工程师以及油气田开发管理人员提供参考，本研究团队历时多年编撰了“高含硫气藏开发理论与实验”丛书，该系列共有 6 个专题分册，分别为：《高含硫气藏硫沉积和水-岩反应机理研究》《高含硫气藏相对渗透率》《高含硫气藏液硫吸附对储层伤害的影响研究》《高含硫气井井筒硫沉积评价》《高含硫有水气藏水侵动态与水平井产能评价》以及《高含硫气藏储层-井筒一体化模拟》。丛书综合反映了油气藏地质及开发工程国家重点实验室在高含硫气藏开发渗流和实验方面的研究成果。

“高含硫气藏开发理论与实验”丛书的出版将为我国高含硫气藏开发工程的发展提供必要的理论基础和有力的技术支撑。

罗平亚

2020.03

前　言

高含硫气藏开采过程中，随地层压力和温度不断下降，当气体中含硫量达到饱和时元素硫开始析出，温度低于硫熔点时析出为固态硫，若固态硫微粒直径大于孔喉直径或气体携带结晶体的能力低于元素硫结晶体的析出量，固态硫将在储层岩石孔隙喉道中沉积。当温度高于硫熔点时析出为液态硫，四川盆地高含硫气藏储层温度普遍高于单质硫的熔点，例如，普光气田飞仙关组气藏地层温度为123.4℃，YB长兴组气藏地层温度超过145℃，开采过程中流动状态为气-水-液态硫流动或气-水-固态硫耦合流动。析出的液硫将改变储层孔隙结构，导致储层孔隙度和渗透率发生变化，最终影响气井的产能。

本书内容涵盖高含硫气藏流体相态特征、元素硫溶解度实验和预测模型、考虑液硫吸附和应力敏感的硫饱和度模型、高含硫气藏液硫吸附储层伤害实验以及液硫吸附对地层储层参数及气井产能的影响研究。

本书的出版得到国家自然科学基金面上项目“考虑液硫吸附作用的高含硫气藏地层条件气-液硫相对渗透率实验与计算模型研究”（51874249）、国家重点研发计划子课题（2019YFC0312304-4）和四川省科技计划重点研发项目（2018JZ0079）资助，油气藏地质及开发工程国家重点实验室对本书的内容编写提出了有益建议，在此表示感谢。

希望本书能为油气田开发研究人员、油藏工程师以及油气田开发管理人员提供参考，同时也可作为大专院校相关专业师生的参考书。限于编者的水平，本书难免存在不足和疏漏之处，恳请同行专家和读者批评指正，以便今后不断对其进行完善。

编者

2021年1月

目　　录

第1章　绪论 ······ 1
1.1　引言 ······ 1
1.2　国内外研究现状及进展 ······ 1
1.2.1　硫溶解度实验研究及理论预测研究 ······ 1
1.2.2　元素硫吸附沉积实验及预测模型研究 ······ 4
1.2.3　储层岩石的应力敏感效应研究 ······ 5
1.2.4　高含硫气藏产能研究 ······ 6
第2章　高含硫气藏流体相态特征 ······ 7
2.1　天然气的组成与分类 ······ 7
2.1.1　天然气的组成 ······ 7
2.1.2　天然气的分类 ······ 7
2.1.3　H_2S 和 CO_2 气体的物理化学性质 ······ 8
2.2　硫的基本性质和硫沉积机理 ······ 9
2.2.1　硫的基本性质 ······ 9
2.2.2　硫沉积机理 ······ 12
2.3　高含硫气藏流体相态实验 ······ 15
2.3.1　实验装置 ······ 15
2.3.2　实验原理 ······ 17
2.3.3　实验方法 ······ 18
2.3.4　实验步骤 ······ 18
2.3.5　H_2S 对金属腐蚀情况分析 ······ 18
2.4　高含硫无水气样天然气高压物性参数研究 ······ 19
2.4.1　实验研究 ······ 19
2.4.2　理论计算与模型优选 ······ 22
2.4.3　模型优选及计算 ······ 28
2.5　高含硫含水气样天然气高压物性参数研究 ······ 32
2.5.1　实验方法 ······ 32
2.5.2　实验装置 ······ 33
2.5.3　实验步骤 ······ 33
2.5.4　实验样品 ······ 34
2.5.5　实验结果分析 ······ 34
2.5.6　含水酸性气体黏度预测模型 ······ 39
2.6　高含硫混合物气液和气、液、固相平衡热力学 ······ 50
2.6.1　高含硫混合物气、液相平衡 ······ 50
2.6.2　高含硫混合物气、液、固相平衡 ······ 53
2.7　高含硫混合物气液和气、液、固相平衡计算方法 ······ 57
2.7.1　相平衡时组分硫的计算 ······ 57
2.7.2　三相相平衡稳定性判断 ······ 57

2.7.3 高含硫混合物相平衡计算步骤……62
2.7.4 模型预测结果分析……63
2.7.5 酸性气体相图……66
第3章 元素硫溶解度实验和预测模型……70
3.1 高含硫气藏硫溶解度在线测试……70
3.1.1 单质硫测试……71
3.1.2 含硫气样总硫测试……71
3.1.3 溶解反应后含硫气样总硫的测试……71
3.2 天然气中元素硫溶解度实验和预测模型……73
3.2.1 相平衡预测模型……73
3.2.2 经验公式模型……74
3.2.3 拟合过程……76
3.2.4 拟合结果……81
3.3 Chrastil 模型的影响因素排序……83
3.4 硫溶解度预测模型改进……85
3.4.1 Chrastil 模型的改进……86
3.4.2 Chrastil 模型改进后的新模型……86
3.4.3 新模型相关参数的拟合方法……86
3.4.4 新模式数据拟合与误差验证……87
第4章 考虑液硫吸附和应力敏感的硫饱和度模型研究……92
4.1 达西流动时的硫饱和度模型……93
4.2 非达西流动时的硫饱和度模型……96
4.3 实例计算及分析……98
4.3.1 流体流型对硫的饱和度变化的影响分析……98
4.3.2 应力敏感效应对硫的饱和度变化的影响分析……99
4.3.3 液硫吸附效应对硫的饱和度变化的影响分析……99
4.3.4 液硫吸附与应力敏感的综合影响分析……100
第5章 高含硫气藏液硫吸附储层伤害实验……101
5.1 液硫吸附储层伤害的机理……101
5.2 实验原理……101
5.3 实验设备与条件……102
5.4 实验步骤……104
5.5 实验结果与分析……105
5.6 液态硫吸附能力研究……107
第6章 液硫吸附对地层储层参数及气井产能的影响……110
6.1 液硫饱和度预测模型……110
6.1.1 模型假设条件……110
6.1.2 硫在地层中的饱和的预测模型……110
6.2 液硫吸附模型……115
6.2.1 一维单相稳定渗流液硫吸附模型……120
6.2.2 二维径向稳定渗流液硫吸附模型……122
6.3 液硫吸附对地层孔隙度的影响……123
6.3.1 以一维单相稳定渗流液硫吸附模型为基础进行实例计算及分析……124
6.3.2 以二维径向稳定渗流液硫吸附模型为基础进行实例计算及分析……128

6.4 液硫吸附对地层渗透率的影响 …… 137
6.4.1 一维稳定渗流模型 …… 138
6.4.2 二维径向稳定渗流模型 …… 139
6.5 液硫吸附对气井产能的影响 …… 142
参考文献 …… 145

第1章 绪　论

1.1 引　言

高含硫气藏在我国四川盆地川东北地区分布广泛，典型发育有普光气田飞仙关组和长兴组气藏、YB 气田长兴组气藏、罗家寨气田飞仙关组气藏、渡口河气田与铁山坡气田飞仙关组气藏。该类气藏埋藏深、高温高压、H_2S 含量大。由于 H_2S 具有剧毒性和腐蚀性，导致高含硫气藏室内实验和现场开发对安全条件要求高。高含硫气藏开采过程中随地层压力和温度不断下降，当气体中含硫量达到饱和时元素硫开始析出，温度低于硫熔点(119℃)时析出为固态硫，若固态硫微粒直径大于孔喉直径或气体携带结晶体的能力低于元素硫结晶体的析出量，固态硫将在储层岩石孔隙喉道中沉积。当温度高于硫熔点(119℃)时析出为液态硫，四川盆地高含硫气藏储层温度普遍高于单质硫的熔点，例如，普光气田飞仙关组气藏地层温度为 123.4℃，YB 长兴组气藏地层温度超过 145℃，开采过程中流动状态为气-水-液态硫流动或气-水-固态硫耦合流动。析出的液硫将改变储层孔隙结构，导致储层孔隙度和渗透率的变化，最终影响气井的产能。目前关于高含硫气藏液硫吸附作用引起的储层孔隙度和含硫饱和度变化的研究鲜有报道。

1.2 国内外研究现状及进展

1.2.1 硫溶解度实验研究及理论预测研究

1.硫溶解度实验研究方面

关于元素硫在天然气中的溶解规律，许多学者通过实验得出硫的溶解度与温度、压力以及天然气的组成等紧密相关，并总结出了硫的溶解度关系式。这些室内实验研究不仅为硫的热力学模型提供了有力基础数据，更为高含硫气藏的安全以及合理开发奠定了坚实的基础。

Kennedy 和 Wieland(1960)在一定的温度、压力条件下，测试了硫在 CH_4、CO_2、H_2S 中的溶解度以及在这三种气体按不同比例组成的二元、三元混合气体体系中的溶解度，证明了气体组分可以影响硫的溶解度，得出了硫在这三种气体中的溶解度大小关系为 H_2S＞CO_2＞CH_4。

Roof(1971)通过实验测试了硫在 H_2S 气体中的溶解度，得出随着温度的升高，硫在 H_2S 气体中的溶解度呈现先增大后减小的趋势，当温度达到临界温度时，硫的溶解度达到最大值；流体的密度变化会影响硫在 H_2S 气体中的溶解度。

Swift 等(1976)通过实验测试了在一定温度、压力条件下硫在纯 H_2S 气体中的溶解度，并建立了硫在纯 H_2S 气体中的溶解度预测模型。

Brunner 和 Woll(1980)将 Kennedy 和 Wieland(1960)研究的气体组分推广到了四组分，研究了在 10～60MPa 的压力以及 100～160℃的温度下，元素硫在 CO_2、H_2S、CH_4、N_2 四种组分按不同百分比配制的混合酸性气体中的溶解度。从实验的结果分析得出：压力在 30MPa 以下和 40MPa 以上，硫在纯 H_2S 气体中的溶解度与温度的关系较明显，前者呈现负相关关系，而后者却呈现正相关关系。他们认为出现这种现象是由于压力的改变导致 H_2S 的密度也发生了改变，硫在纯 H_2S 气体中的溶解度与密度呈现正相关关系。

Wool(1983)等研究了 H_2S 对元素硫相态变化的影响。在高温的条件下，元素硫中溶解 H_2S 后凝固点会降低，并且 H_2S 的含量越高，其凝固点降低的程度就越大。但温度在正常的凝固点以下时，液态的元素硫会随着气体流动，液态的硫开始出现固化后，会加速周围的液态硫凝固，这种现象被称为“雪球效应”。

谷明星等(1993a、b)在 30～90℃和 1～50MPa 的条件下，对硫在不同比例的富 H_2S 酸性气体混合物中的溶解度进行了实验研究，预测了富 H_2S 酸性天然气压缩因子，建立了一套特定的实验装置，并测试了硫在不同比例气体混合物中的溶解度。

Sun 和 Chen(2003)以谷明星等(1993a、b)的实验研究为基础，测试了在 300.15～363.15K，20MPa 以上、45MPa 以下的条件下，元素硫在 H_2S、CO_2、CH_4 三元混合酸性气体体系中的溶解度，并且用 Peng-Robinson 状态方程将硫在天然气混合物中的溶解度关联起来。实验结果表明：在硫的含量较低时，硫的溶解度随着硫含量的增加而增加；当 H_2S 含量大于 10%时，硫溶解度急剧增加；在相同的压力和温度条件下，元素硫在酸性天然气混合物中的溶解度主要取决于混合物中 H_2S 的含量。

曾平等(2005)通过实验测定了 353.15～433.15K 和 10～60MPa 的条件下，硫在多组分(CH_4、H_2S、CO_2、N_2、C_2 到 C_6 烷烃)不同配比下的气体混合物中的溶解度，分析发现，温度、压力和气体组成是影响硫溶解度的主要因素。

杨学峰等(2009)以真实气体为实验对象，测定了在压力不变、温度改变条件下元素硫的溶解度，更加准确地测定了元素硫在不同组分高含硫气体中的溶解度。

卞小强等(2010)用静态法测定了在 60～120℃和 10～55MPa 条件下，元素硫在高含 H_2S 天然气中的溶解度。实验结果分析得出：硫在高含硫气体中的溶解度随着温度和压力的增加而增大，并且高压下溶解度的增幅比低压下更加明显。

李长俊等(2018)考虑到集输压力在 15MPa 以下、温度在 60℃以下时硫的溶解度很小的特点，通过硫的溶解度实验，结合实验数据分析了集输温度压力条件下硫的溶解度情况。

2.硫溶解度预测模型研究方面

硫本身的剧毒性限制了学者对高含硫气藏中硫溶解度的研究，所以在硫溶解度实验研究的基础上，研究元素硫在酸性混合气体中的溶解度理论模型十分重要，能为高含硫气藏的开发提供参考。

Chrastil(1982)以理想的溶液理论为基础，研究了元素硫在高压的酸性混合气体中的溶解度，并且引入热力学方程来获得硫的溶解度值，所得到的溶解度关系式被广泛借鉴使用。

Roberts(1997)等采用 Brunner 和 Woll(1980)的实验值，拟合了 Chrastil(1982)所建立的溶解度经验公式，建立了受到温度、压力以及气体组分影响的酸性混合气体中硫的溶解度经验公式，该公式由于应用方便，被广泛应用于预测混合酸性气体中元素硫的溶解度。

乔海波等(2006)针对 Chrastil 模型在拟合实验数据出现偏差的问题时，利用国内外大量的实验数据进行了修正和重新评价。重新拟合的结果表明，在压力较低时偏差较小，而在压力逐步升高的过程中偏差颇为明显。因此采用密度拐点值将实验数据分为高压区和低压区，并得到相对应的两套拟合系数，极大地提高了拟合精度。

杨学锋(2006)对高含硫气体混合物中，元素硫的溶解与析出以及影响因素进行了分析，建立了高含硫气藏中硫的溶解度模型，并对元素硫在高含硫气体混合物中的溶解度进行了预测。引入流体在超临界状态的情况，分析了超临界流体的相态平衡理论，建立了高含硫气固热力学模型。

王颖等(2007)参考了超临界流体中溶质的溶解等过程，分析了元素硫的溶解与析出，建立了预测硫溶解度的热力学理论模型，并且拟合回归了元素硫在 H_2S、CO_2 及 CH_4 中的溶解度实验结果，得到了元素硫与这三种气体组分的二元交互作用系数。

卞小强等(2009)从 SCF 萃取缔合出发，推导出一个无需 SCF 密度仍能关联元素硫在含硫酸性气体中的溶解度的新模型，新建了不同温度、压力下元素硫在高含硫酸性气体中的溶解度的新模型。新的模型不仅能对实验范围内的实验数据进行关联，还能对实验范围以外的值进行预测，并且精度较高。

尹小红等(2013)采用超临界流体相平衡理论，弥补了 Chrastil 和 Roberts 溶解度预测模型中只考虑化学溶解的不足，将物理和化学溶解综合考虑，建立了考虑元素硫溶解度的缔合模型和热力学模型。研究结果表明：热力学模型能够预测不同条件下的元素硫溶解度，且预测误差较小。

Hu 等(2014)基于各种溶质在超临界溶剂中溶解度的相关公式，利用大量实验数据建立了新的硫溶解度模型。通过对新溶解度模型和 Roberts 溶解度模型的比较分析，发现利用新溶解度模型的计算结果更接近实验数据，可用于准确预测不同温度和压力下酸性气藏中硫的溶解度。

陈磊和李长俊(2015)使用逆向传播人工神经网络模型来研究讨论元素硫在高酸性气体中的溶解度，建立了新的硫溶解度模型。与 Chrastil 缔合模型相比，其计算结果更优，与多参数缔合模型计算结果相当。

李洪等(2015)以气体组分密度、H_2S 含量和油藏温度 3 个影响因素为研究对象，重新拟合分析了 Brunner 和 Woll 实验中所测得的 86 个硫溶解度数据，并且运用统计学和多元回归理论建立了 3 个参数的硫溶解度预测模型，极大地提高了模型的预测精度。

Guo 和 Wang(2016)将 Chrastil 模型中的常数相关系数 k 看作温度函数的变量，通过气体密度的影响引入干燥气体的相对分子质量 M_a，然后提出一种新的预测模型。新模型中的系数由实验数据拟合。该模型与 Roberts(1997)等其他溶解度预测模型进行比较，发现新模型的预测结果可以更好地拟合实验数据。

关小旭等(2017)利用已有的元素硫在混合酸性气体中的溶解度实验数据，采用两种硫溶解度模型系数拟合方法对硫的溶解度进行了预测效果分析。结果表明：只有第 2 种方法能对硫溶解度进行预测，且预测误差较大。第一种方法：将 Chrastil 模型两边取对数再变形，然后根据实验数据作密度的对数($\ln\rho$)与溶解度的对数($\ln C_r$)的线性关系图，可得到拟合模型系数。第二种方法：将 Chrastil 模型两边取对数，根据实验数据，作溶解度的对数($\ln C_r$)与密度的对数($\ln\rho$)的线性关系图，求得系数 k 值，再作溶解度的对数（$\ln C_r$）与温度倒数($1/T$)的线性关系图，并且给一个合理的密度值 ρ，即可以得到相关系数 A 和 B。运用二重变量循环法改进后，在 100～160℃和 10～60MPa 的条件下，改进后的拟合方法极大地提高了 Chrastil 模型的预测精度。

1.2.2 元素硫吸附沉积实验及预测模型研究

1.元素硫吸附沉积实验研究方面

Al-Awadhy 等(1998)用实际原油做碳酸盐岩岩样的流动实验，研究岩样中的硫沉积情况。设定原油的流动时间为一小时，改变原油的流动速度，得出的结果表明：硫的沉积量与原油流速呈负相关关系，并且硫沉积后，会使得岩样的渗透率明显降低。

Shedid 和 Zekri(2002)等用碳酸盐岩做硫沉积的流动实验，研究了硫沉积的影响因素，分析了原油流速、硫的浓度以及岩样渗透率对硫沉积的影响，建立了元素硫的沉积对储层渗透率影响的经验公式。

Shedid 和 Zekri(2006)通过实验得出，沥青和硫的共同作用对储层渗透率的伤害更为严重，且沉积量越大，储层渗透率越低，对储层的伤害越严重。

Shedid 和 Zekri(2007)分析了扫描电镜(SEM)拍摄的硫沉积实验过程，得到了硫在岩样中的具体沉积位置，描述了硫沉积对储层伤害的问题。

Mahmoud(2014)考虑到硫的吸附以及硫对岩石物理性质的影响，建立了新的硫沉积预测模型。通过实验分析得出，硫的吸附和沉积会改变岩石的润湿性，说明岩石接触角朝向更加气湿的方向变化。

周浩(2017)选用不同类型的岩心，考虑应力敏感与硫沉积对储层的共同作用，以此来分析储层的伤害情况，最终发现在此条件下裂缝岩心的孔隙度和渗透率变化的幅度更大。

2.元素硫吸附沉积预测模型研究方面

Abou-Kassem(2000)以动力学理论为基础，联系固相颗粒在多孔介质中的运移机理，建立了新的硫沉积模型，该模型考虑了硫的吸附和沉积作用；建立了硫的吸附模型。

杨学峰等(2007)研究了硫吸附沉积对储层孔隙度和渗透率的影响，建立了元素硫沉积的损害模型，通过实例分析了含硫气藏硫沉积饱和度影响的动态变化；得出地层渗透率越低，越容易发生硫沉积的现象，且元素硫主要沉积在井筒附近，生产时间越长，硫的沉积量越多，对储层的伤害也就越大。

张苏等(2007)引入气相的稳定渗流理论，分析了孔隙度和渗透率的变化情况，建立了考虑孔渗变化的硫沉积预测模型。通过实例分析发现，地层中硫的沉积主要发生在近井区域，并且气井的产量会对地层中硫的沉积速度造成一定的影响。

张勇等(2009)通过分析多孔介质中硫微粒的运移和沉积，宏观上采用气固流体力学知识描述颗粒在气体中运移情况，建立了硫微粒在多孔介质中的沉积模型。该模型考虑到了硫微粒的生成以及吸附和沉淀情况。

郭珍珍等(2014)考虑到了元素硫沉积给近井地带储层的渗透率带来的影响，将储层分为了沉积区和非沉积区。他们建立了高含硫气藏直井平面径向流的非达西产能公式，分析了硫沉积、启动压力梯度以及裂缝的长度和宽度对气井流入动态的影响。

李周等(2015)考虑到了元素硫的吸附效应，建立了一套比较系统的高含硫气藏元素硫地层沉积预测模型。硫的吸附效应增大了硫的饱和度，进一步加大了地层中硫的沉积量，对远井地带的影响更为明显。考虑到地层水的影响，硫被带到近井地带，使井附近的硫沉积量进一步加大。

李继强等(2015)通过元素硫溶解度随压力的变化实验，建立了元素硫溶解度模型和析出液态硫体积计算模型，并计算了在不同压力下的液态硫体积分数。他们采用组分模型对析出液硫进行数值模拟，结果显示：离井筒越近，硫的析出量越大，饱和度也越大；随着生产期的延长，天然气的采出程度越高，硫的析出区域增大。

汝智星等(2017)在气体平面径向渗流的基础上，考虑应力敏感效应引起的储层参数的变化规律，得出了渗透率和压力随时间变化的关系曲线，分析了硫沉积较为严重的范围及其原因。

1.2.3　储层岩石的应力敏感效应研究

王秀娟等(2003)发现，注水开发的长期性以及流体的流变性延长了压力的恢复时间，研究结果显示：低渗透储层对应力的变化极为敏感，且初始渗透率越高，压力的恢复越明显。

何健等(2005)通过实验对比研究分析了不同孔型储层的应力敏感特性。结果表明，只存在孔隙的岩样的形变为弹性形变，而有裂缝存在时的形变为塑性形变；裂缝对应力更加敏感，随着应力增加，裂缝闭合完后孔隙才发生形变。

刘晓旭等(2006)对储层应力敏感性因素进行了分析，主要分为内部因素和外部因素，其中储层岩石物性等内部因素起决定性的作用。在对岩石应力敏感性进行室内评价时，认为设备精度、加载方式以及流体类型等都会对评价结果产生影响。

赵伦等(2013)通过实验研究了四种不同孔隙岩心的应力敏感特征。研究结果表明，这四种岩心的应力敏感强弱顺序与裂缝的大小和多少有关，裂缝越大或者越多，对应力的敏感性就越强。

樊恋舒等(2016)考虑元素硫沉积与岩石应力敏感的共同影响，利用有限差分的方法，求解了建立的一维渗流模型，得到了径向压力分布随时间的变化关系。模型计算结果表明：硫沉积是造成气藏储层伤害的重要因素，而岩石的应力敏感作用会加剧对储层的伤害。

孟凡坤等(2018)通过应力敏感性实验，结合拟时间和拟压力函数分析了渗透率的变化规律，建立了考虑应力敏感的碳酸盐岩气藏三重介质渗流数学模型。研究发现，储层的应力敏感性与井底压差成正相关，地层厚度与井底压差呈负相关。

冯曦等(2018)将温度、压力控制在实际气藏条件，进行了气-水两相渗流和流固耦合的应力敏感实验，并通过实验数据分析得到：裂缝的发育让水侵的影响更加明显，同时地层水侵的能量主要受含水地层孔隙度应力敏感性的影响。

韦世明等(2019)以吸附气的非平衡解吸和扩散为基础，考虑孔隙和裂缝对岩石形变造成的影响，建立了双重介质有效应力的流固耦合模型，分析了岩石的形变对气体流动的影响。

1.2.4 高含硫气藏产能研究

Hands 等(2002)建立了一个新的解析模型来预测天然裂缝性气藏酸气开发过程中的硫沉积。模型的主要特征是结合了动态效应影响的气藏温度剖面和临界速度的概念，得到了靠近井筒的简化沉积区。模型成功地拟合和预测了多个高含硫气藏开发过程中的硫沉积情况。模型的计算结果已经用来指导井底硫处理、完井方式的选择、合理产量的确定、新井设计开发和硫沉积井的管理。

Du 等(2006)提出了一个新的考虑硫沉积、相态变化、地球化学的气-液-固相互作用以及吸附作用的高含硫裂缝性碳酸盐岩气藏气-液-固耦合模型。他们利用数值模拟的方法研究了高含 H_2S 裂缝性碳酸盐岩气藏中气-液-固运移机理以及硫沉积对储层的伤害；应用修改过的状态方程结合综合模型来描述相态变化。模型可以预测高含 H_2S 裂缝性碳酸盐岩气藏的产能大小和变化情况，可快速准确地评价 H_2S 的浓度、摩尔质量、空间分布和开发动态随时间和压力的变化情况。

付德奎等(2010)针对高含硫裂缝性气藏双重介质的复杂渗流特征，利用空气动力学气固理论，描述了固体硫微粒在地层孔道中的运移和沉积，建立了一个能够描述高含硫裂缝性气藏硫微粒析出、运移、沉积以及应力敏感影响的地层伤害综合数学模型。

Hu 等(2013)为了达到更准确预测硫沉积的目的，提出了一个考虑裂缝存在的碳酸盐岩高含硫气藏伤害模型；分析了地层孔隙度和渗透率对气体产量的影响。研究结果表明，当压力在达到饱和压力以前，气体产量开始降低的时间随着裂缝开度与高度的增加而增加，因为裂缝相对于基质而言不容易被析出的元素硫堵塞。

王桥 (2017)在稳定的平面径向渗流液硫吸附模型的基础上，分析了液硫吸附影响气井生产能力的情况，得出了液硫吸附的影响主要集中在近井区域，并且吸附硫饱和度增加的过程中，气井的产量会迅速下降。

李留杰 (2017)通过气-固硫两相流动规律，建立了井筒内部的温度-压力模型，并将之耦合。然后以井底流压为节点，将井筒和地层联系起来，作为一个整体来分析。

何林稽(2017)通过气-液硫两相渗流实验，研究了温度和岩石的应力敏感效应对渗流的影响，分析了硫沉积对气井产能的影响，得出稳定生产时间越短，液硫的流动性能越差，气井产能越低。

彭小容和杨永维(2018)对长兴组储层进行了仔细的研究分析，利用压降的方法评价了气藏的动态储量，结合实际的生产情况，为气藏的开采提供了一些建议。

第 2 章　高含硫气藏流体相态特征

2.1　天然气的组成与分类

2.1.1　天然气的组成

从广义来说，天然气指自然界中天然存在的一切气体，包括大气圈、水圈、生物圈和岩石圈中各种自然过程形成的气体。而从能量角度出发的狭义定义，是指天然蕴藏于地层中的烃类和非烃类气体的混合物，主要有油田气、气田气、煤层气、泥火山气和生物生成气等。一般而言，常规天然气中甲烷(CH_4)占绝大多数，乙烷(C_2H_6)、丁烷(C_4H_{10})和戊烷(C_5H_{12})含量较少，己烷(C_6H_{14})以上的烷烃含量极少。此外，还含有少量的非烃气体，如硫化氢(H_2S)、二氧化碳(CO_2)、一氧化碳(CO)、氮气(N_2)、氢气(H_2)、水蒸气(H_2O)以及硫醇(RSH)、硫醚(RSR)、二硫化碳(CS_2)、羰基硫(或硫化碳)(COS)、噻吩(C_4H_4S)等有机硫化物，有时也含有微量的稀有气体，如氦、氩等。在大多数天然气中还存在少量的不饱和烃，如乙烯、丙烯、丁烯，偶尔也含有极少量的环烃化合物，如环戊烷、环己烷、苯、甲苯、二甲苯等。组成天然气的组分大同小异，但其相对含量却各不相同。

2.1.2　天然气的分类

国内学者中，有的从地质勘探角度出发，根据气体中 H_2S 的含量提出了分类方案；有的从天然气净化与处理角度出发，提出了不同的分类方案。根据不同的原则，目前有三种分类方法。

1.按矿藏特点分类

凝析气，即凝析气田中的天然气，是在气藏中以气态存在但生产到地面后会分离出一定量的液态烃的气田气，其凝析液主要为凝析油，有的可能还有部分凝析水。这类气田的井流物除含有 CH_4、C_2H_6 外，还含有一定量的 C_3H_8、C_4H_{10} 及 C_6H_{14} 以上的烃类。

油田气，它伴随原油共生，在油藏中溶于油，在开采过程中当压力低于泡点压力时才从油中脱出。其特点是乙烷和乙烷以上的烃类含量比气田气高。

2.按天然气的烃类组成分类

1) C_5 界定法——干、湿气的划分

干气，指在 $1Sm^3$(CHN)井流物中，C_5 以上烃液含量低于 $13.5cm^3$ 的天然气。

湿气，指在 $1Sm^3$(CHN)井流物中，C_5 以上烃液含量高于 $13.5cm^3$ 的天然气。

2) C_3 界定法——贫、富气的划分

贫气，指在 1Sm^3(CHN) 井流物中，C_3 以上烃液含量低于 94cm^3 的天然气。

富气，指在 1Sm^3(CHN) 井流物中，C_3 以上烃液含量高于 94cm^3 的天然气。

3.按酸气含量分类

酸性天然气指含有显著量的硫化物或 CO_2 等酸气，必须经处理后才能达到管输标准或商品气气质指标的天然气。

由此可见，酸性天然气和洁气的划分采取了模糊的判据，对具体的数值并无统一的标准。在我国，由于对 CO_2 的净化要求不严格，一般将硫含量 20mg/Sm^3(CHN) 作为界定指标，硫含量高于 20 mg/Sm^3(CHN) 的天然气称为酸性天然气，硫含量低于 20 mg/Sm^3 的称为洁气。

2.1.3 H_2S 和 CO_2 气体的物理化学性质

1.H_2S 的物理化学性质

H_2S 是一种无色有毒、易燃、有臭鸡蛋味的气体。H_2S 在水中有中等程度的溶解度，水溶液为氢硫酸，具有强烈腐蚀性，且在有机溶剂中的溶解度比在水中的溶解度大。H_2S 在空气中的自燃温度约 250℃，爆炸极限为 4%～46%(体积分数)。低温下 H_2S 可与水形成结晶状的水合物。H_2S 不稳定、受热易分解，溶解在液硫中会形成多硫化氢。H_2S 中 S 的氧化数为-2，处于 S 的最低氧化态，所以 H_2S 的一个重要化学性质是具有还原性，能被 I_2、Br_2、O_2、SO_2 等氧化剂氧化成单质 S，甚至氧化成硫酸。

2.CO_2 的物理化学性质

在通常状况下，CO_2 气体是一种无色、无臭、带有酸味的气体，能溶于水，在水中的溶解度为 0.1449g/100g 水(25℃)。在 20℃时，将 CO_2 气体加压到 5.9×10^6Pa 即可变成无色液体，在-56.6℃、5.27×10^5Pa 时变成固体。液态二氧化碳减压迅速蒸发时，一部分吸热气化，另一部分骤冷变成雪状固体，固体状的二氧化碳俗称“干冰”。CO_2 无毒，但不能供给动物呼吸，是一种窒息性气体。CO_2 在尿素生产、油气田增产、冶金、超临界等方面有广泛的应用。

CO_2 是碳的最高氧化态，具有非常稳定的化学性质。它无还原性，有弱氧化性，但在高温或催化剂存在的情况下可参与某些化学反应。CO_2 是典型的酸性氧化物，具有酸性氧化物的通性，和水生成碳酸，和碱性氧化物反应生成盐，少量时和碱反应生成正盐和水，足量时和碱反应生成酸式盐和水。

2.2　硫的基本性质和硫沉积机理

2.2.1　硫的基本性质

硫属于氧族元素，俗称硫黄，分子量为 32.066，是一种很活跃的单质。单质硫可以固相、液相和气相等状态存在。硫所处的状态取决于它的温度、压力、密度、组成等状态参数。由于元素硫具有复杂的物理和化学性质，在不同条件下，硫的固态、液态、气态将表现出不同的性质，即使同一状态下的硫，对于不同条件也表现出不同性质。

1.固态硫

硫在固态条件下时一般为黄色晶状，单质硫的同素异形体有很多种，其中，固态硫最常见的是正交硫和单斜硫[53]。正交硫也被称为α-硫，单斜硫又叫β-硫。

在常压条件下，正交硫在 368.7K 以下稳定，一旦外界温度超过 368.7K 后，就会向正交硫缓慢转变。单斜硫在 368.7～392K(单斜硫的熔点)这个温度范围内保持稳定。在温度低于 368.7K 时，单斜硫也可缓慢转化成正交硫。368.7K 是这两种同素异形体的转变温度，在这个温度点它们处于平衡状态，如式(2-1)所示。正交硫是室温下唯一稳定的硫存在形式，所有其他形式的硫在室温条件下放置时都会转变成正交硫。

$$\text{正交硫} \xleftrightarrow{368\text{K}} \text{单斜硫} \tag{2-1}$$

1)固硫的密度

当硫呈固态时，在不同温度范围内单质硫主要有正交硫和单斜硫两种形式，但温度对其影响不大，表 2-1 列出了晶态硫的密度。在迄今已知的所有晶态硫的同素异形体中，三方硫的密度是最大的。

表 2-1　晶态硫的密度

晶态硫	密度/($g\cdot cm^{-3}$)
正交硫 S_α	2.07
单斜硫 S_β	1.94
三方硫 S_ρ	2.21
S_7(正交晶系)	2.09
S_{12}(正交晶系)	2.04

2)硫的熔点、沸点和临界条件

表 2-2 列出了晶态硫的熔点。在迄今已知的所有晶态硫的同素异形体中，环十二硫晶体的熔点最高。

表 2-2 晶态硫的熔点

晶态硫	熔点/K
正交硫 S_α	386.0
单斜硫 S_β	392.2
三方硫 S_ρ	380.0
S_7(正交晶系)	312.2
S_{12}(正交晶系)	418.2

2.液态硫

当单质硫呈液态时，硫的分子结构有两种不同的形式，即由 8 个硫原子组成的封闭的环状结构(皇冠构型)和同平面上连结在一起但不闭合的链状结构。当温度达到 432K 时，环状硫开始破裂并发生聚合作用，形成上百万个甚至更多硫原子结成的长链，环状结构转化成链状结构，此时的元素硫呈暗红褐色。当温度高于 563K 时，长硫链就会断裂成较小的短链分子。随温度继续升高到 717.8K(硫沸点温度)，且在一个大气压的条件下，硫开始沸腾，变成蒸气。硫蒸气有不同的分子类型存在，主要有 S_2、S_4、S_6 和 S_8 等形式，其中 S_8 占绝对优势。在 1473K 以上时，硫蒸气离解成 S 原子。

1)液硫的密度

当硫呈液态时，硫的密度与温度的变化之间关系较为密切，其变化趋势如图 2-1 所示。从图中可以看出：随温度变化，液态硫密度整体呈下降趋势，但下降趋势不同。相关学者对测试数据进行了拟合，得出液态硫密度与温度之间的关系如下。

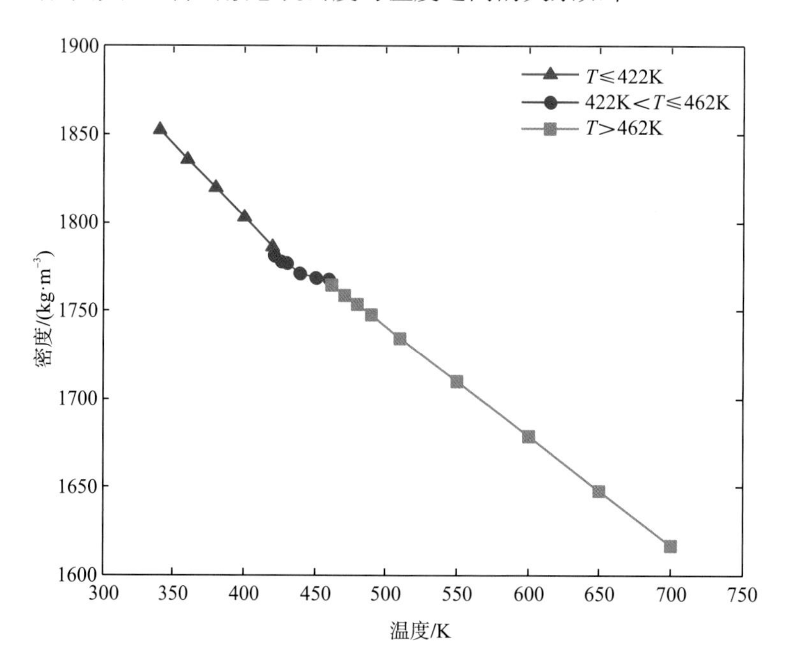

图 2-1 液态硫的密度随温度的变化关系曲线

当 $T \leqslant 422\text{K}$ 时：

$$\rho = 2137.7 - 0.8487T \tag{2-2}$$

当 $422\text{K} < T \leqslant 462\text{K}$ 时：

$$\rho = 21125 - 129.29T + 0.2885T^2 - 2.1506 \times 10^{-4} T^3 \tag{2-3}$$

当 $T > 462\text{K}$ 时：

$$\rho = 2050.8 - 0.6204T \tag{2-4}$$

式中，ρ ——液态硫密度，$\text{kg} \cdot \text{m}^{-3}$；

T ——温度，K。

2) 液硫的黏度

随着温度的增加，液态硫的黏度变化较大。温度从凝固点升高到 430K 的过程中，硫的黏度表现为降低的趋势。当温度大于 430K 时，环状硫开始裂解，单质硫由环状破裂后形成链状结构，黏度则迅速增加。当温度在 463K 附近时，反应趋于平衡，硫的黏度几乎保持恒定。当温度超过 463K 时，硫的黏度反而降低。液态硫的黏度变化规律如图 2-2 所示。

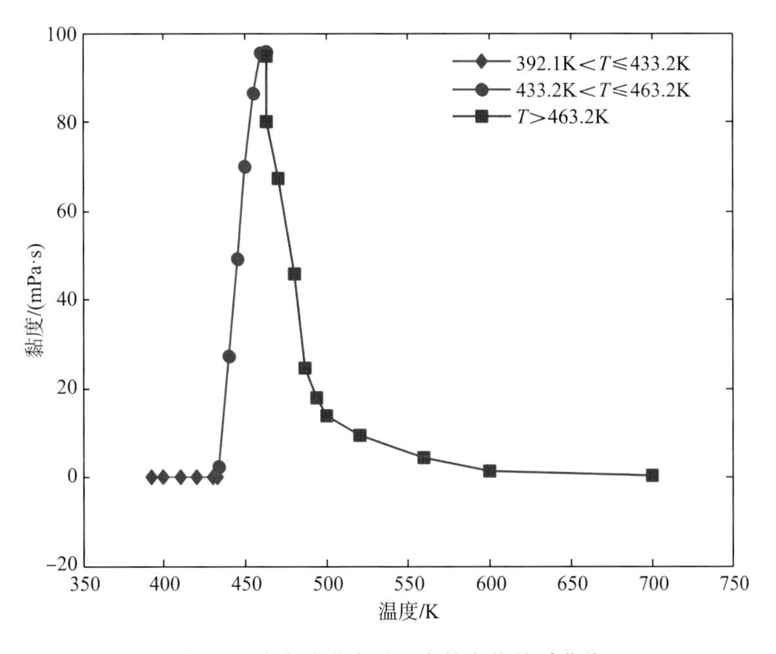

图 2-2　液态硫黏度随温度的变化关系曲线

在 Fanelli 和 Bacon（1941）研究成果的基础上，Shuai 和 Meisen（1995）对于液态硫黏度的计算经验公式如下所示。

当 $392.1\text{K} < T \leqslant 433.2\text{K}$ 时：

$$\mu = 0.45271 - 2.0357 \times 10^{-3} T + 2.308 \times 10^{-6} T^2 \tag{2-5}$$

当 $433.2\text{K} < T \leqslant 463.2\text{K}$ 时：

$$\mu = 392350 - 2660.9T + 6.0061T^2 - 4.5115 \times 10^{-3} T^3 \tag{2-6}$$

当 $T > 463.2\text{K}$ 时：

$$\mu = \frac{108.03}{\left(1+e^{0.0816(T-476.08)}\right)^{0.512}} + 0.9423 \tag{2-7}$$

式中，μ——液态硫黏度，mPa·s；

T——温度，K。

2.2.2 硫沉积机理

高含硫气藏在中国以及世界范围内都有着广泛的分布，在开发过程中除 H_2S 的腐蚀性和剧毒性外，与常规气藏相比，其最大的不同点在于溶解在天然气中的元素硫会析出并沉积。随着温度、压力的降低，硫在气相中的溶解度逐渐减小，在达到临界饱和态后将从气相中析出。地层中液硫形成后，一部分随气流在多孔介质中运移，另一部分吸附沉积在孔喉表面，堵塞孔道，降低地层的孔隙度和渗透率。

硫在高含硫气体中的溶解、析出机理对于评价硫沉积对酸性气井生产动态的影响是至关重要的。在高含硫气藏的开发、开采及地面管线集输过程中，热力学条件的变化导致硫从气体中析出和沉积的根本原因通常可以分为化学溶解和物理溶解两种方式。

1.化学溶解和化学沉积

起初人们在研究硫沉积机理时普遍认为元素硫是以简单的物理溶解方式溶解在高含硫气体中。但随着研究的深入，人们逐渐认识到在一定的地层温度、压力条件下，硫与硫化氢能够发生化学反应生成多硫化氢并处于平衡状态，在溶解过程中分子内部结构发生了变化，即硫除了能够以物理溶解的方式溶解之外，还可以以化学溶解的方式溶解在酸性气体中。阿尔伯塔硫研究有限公司的研究也表明：在一定的地层条件下，硫与硫化氢发生反应生成多硫化氢：

$$H_2S + S_x \rightleftharpoons H_2S_{x+1} \tag{2-8}$$

该反应为可逆反应，适用于高温、高压的地层条件。该反应是吸热反应，地层温度或地层压力升高将导致反应向生成多硫化氢的方向进行，使得在地层中元素硫含量降低，而天然气中的元素硫含量增加。反之，当地层温度或者地层压力降低时，平衡将向多硫化氢分解生成硫与硫化氢的方向进行，导致地层中硫与硫化氢的含量升高。在高含硫气藏的开发过程中，当硫在气体中达到临界饱和状态后，如果温度、压力继续降低将导致硫从气相中析出，当析出的硫不能被流体水动力携带时，会在地层中聚集、沉积。由于该过程主要是多硫化氢分解所致，因此，称这一沉积过程为化学沉积。

2.物理溶解和物理沉积

在地层高温、高压条件下，硫会以物理方式溶解在酸性气体中时，在高含硫气藏的开采过程中，随着气体的产出，地层压力及近井地带温度的降低致使硫在气相中的溶解度不断减小，当温度、压力降至硫在气相中的临界饱和状态后，其继续降低便会导致硫从气相中析出。当析出的硫超过流体的携带能力而不能被带出地层时，硫就会在地层孔隙中沉积，从而降低储层的孔隙度和渗透率。由于硫沉积的过程中硫的分子结构未发生化学变化，因此，这一过程称为物理沉积。

硫溶解度除受温度、压力的影响外，主要还受天然气组分的影响。化学实验证实元素硫在任何条件下都没有与 CH_4、CO_2 发生化学反应的可能性，因此，元素硫在 CH_4、CO_2 气体中的溶解机理为物理溶解。

图 2-3 和图 2-4 是根据我国学者谷明星等(1993)及国外学者 Brunner 等(1994)的实验数据得到的元素硫在纯甲烷、纯二氧化碳及纯硫化氢中的溶解度。

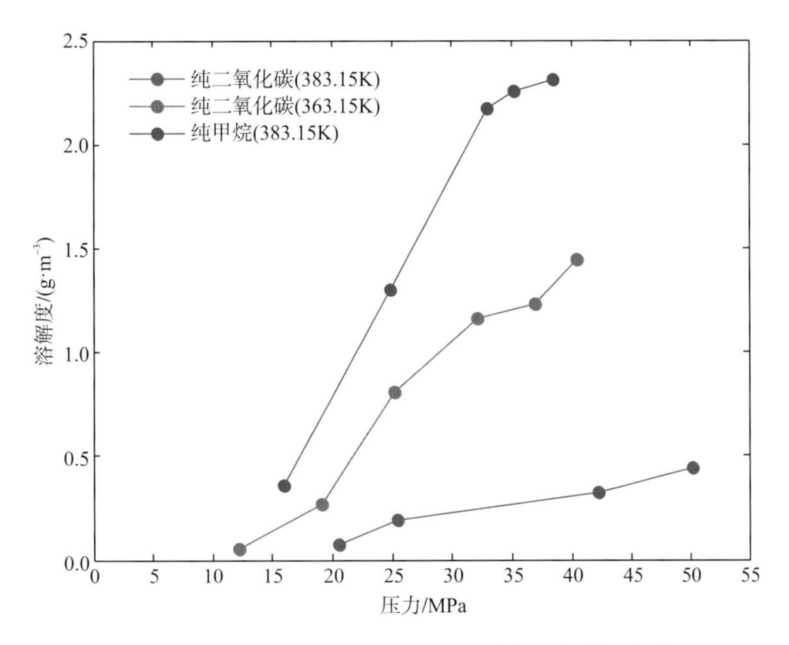

图 2-3　元素硫在纯甲烷、纯二氧化碳气体中的溶解度

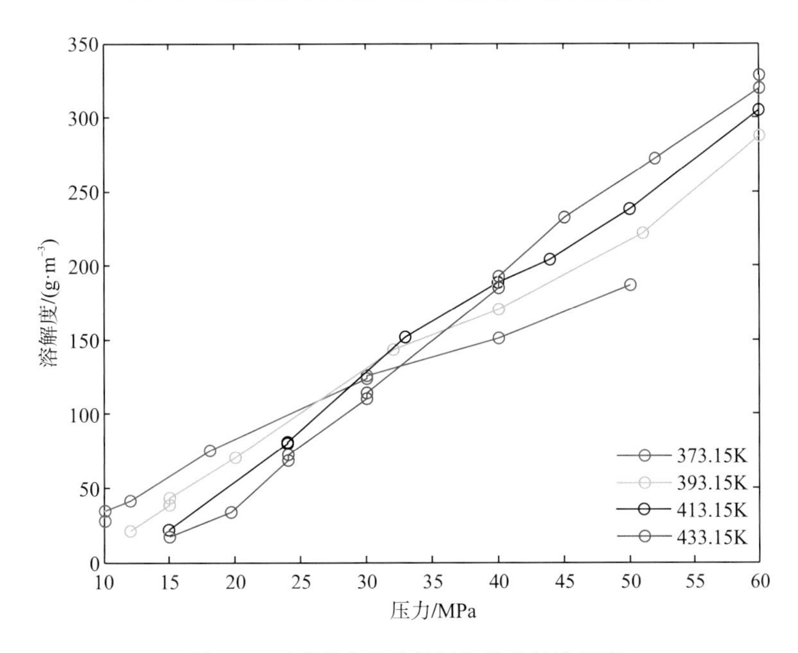

图 2-4　元素硫在纯硫化氢气体中的溶解度

通过数据对比可以发现，在相近温度、压力条件下，元素硫在纯 H_2S 中的溶解度大约是在纯 CO_2 中的 100 倍，大约是在纯 CH_4 中的 500 倍。国内大部分高含硫气藏气体组分中 CH_4、CO_2 和 H_2S 的含量占到 99%以上，而元素硫在 H_2S 中的溶解度又远高于其在 CH_4 和 CO_2 中的溶解度，因此在相同温度、压力条件下，元素硫在酸性气体中的溶解度主要取决于其在 H_2S 中的溶解情况。

综上所述，硫的两种溶解机理在本质上是不同的。目前，大部分专家学者认为硫沉积机理主要是物理沉积，即地层温度、压力降低导致元素硫在酸性气体中的溶解度降低，主要依据是：在生产过程中，硫在地层中的沉积主要发生在井筒周围，由于近井地带流速较高，而化学反应速度较慢，硫不会从气相中析出就被井筒附近的高速气流带出，即硫无法在有限的时间内沉积在地层中。因此，元素硫在酸性气体中的溶解主要是物理溶解的方式，地层压力的降低将直接导致元素硫从气相中析出。

3.硫析出后在地层中的存在方式

在高含硫气藏开发的过程中，随着地层压力的不断降低，当压力降低到一个临界值时，元素硫会开始析出，如果地层温度大于凝固点，元素硫就会以液态的形式析出，析出后的液态硫在地层的存在方式主要有以下几种：

(1) 以雾状的形式处于地层流体中，随着流动的气流而移动。

(2) 在随着流体流动的过程中，雾状液态硫相互聚集，形成微小液滴状液态硫。

(3) 雾状或微小液滴状液态硫吸附在地层岩石中的孔隙喉道中。

(4) 吸附在地层岩石中的孔隙喉道中的液态硫不断吸引附近的液态硫聚集，形成范围更广、体积更大的液态硫。

(5) 气流中微状液态硫经过长时间的聚集形成较大的液滴液态硫堵在地层喉道处，从而堵塞流体渗流通道。

1) 液硫的存在方式

液硫在储层孔隙中析出后存在的方式主要有：悬浮、硫锁和吸附。

(1) 悬浮。当地层条件发生变化时，若气体中元素硫的溶解度降低，则会发生液硫析出，以雾状的形式处于地层流体中，随着流动的气流而移动。液硫悬浮通常只有在气流速度较大或者微粒自身质量较小时发生(图 2-5)。

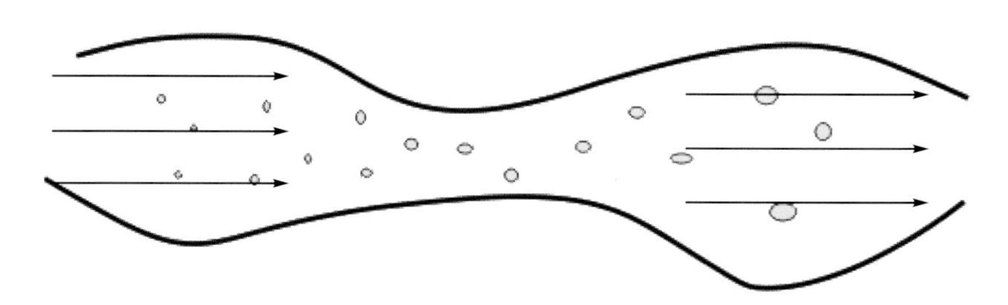

图 2-5 液硫在地层中的悬浮

(2)硫锁。在气藏的开采过程中，随着硫的溶解度降低，在气相中会析出液硫，随着气流的运移，一部分液硫可能吸附在地层中，而另一部分液硫则会在流动的气体中相互聚集形成较大体积的液态硫，当单个液态硫随气流运移至地层孔喉处时，由于其体积大于喉道直径使其被卡在喉道处，从而堵塞流体渗流通道形成硫锁(图 2-6)。

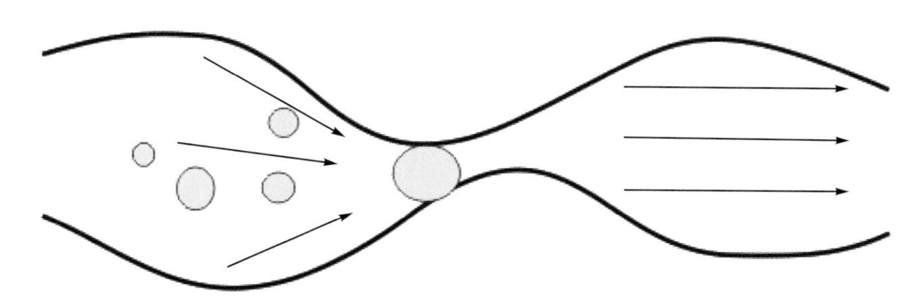

图 2-6　液硫在地层中的硫锁

(3)吸附。地层中析出的液硫量较大时，岩石孔隙表面的液硫吸附量也逐渐增大，在一个较大范围内形成一个薄状吸附层，并且不断吸附气体中析出的液硫，使其变得更大更厚，如图 2-7 所示。

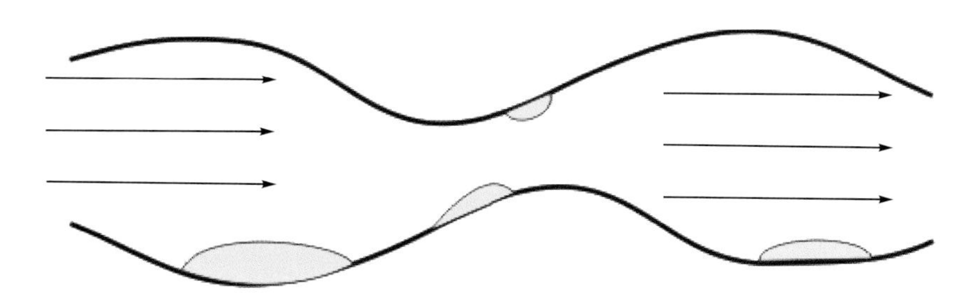

图 2-7　液硫在地层中的吸附

2.3　高含硫气藏流体相态实验

2.3.1　实验装置

高压物性分析仪由用于地层流体 PVT 分析的超高压全可视 PVT 分析仪、高温高压配样装置、气量计、高温高压毛细管黏度计等构成，如图 2-8 所示。本套系统可在高温、超高压条件下对不同气油比的原油、挥发油、凝析气、干气等油藏流体样品进行样品检测、地层流体配样和 PVT 分析与测试，开展超高压条件下的油气藏地层流体相态特性实验研究，为超高压油气藏开发机理研究提供基础数据支持。

图 2-8 高压物性分析仪

高压物性分析仪可用于以下实验操作：

(1) 原油和挥发性油的 PVT 研究，包括：①恒定温度下的等组分膨胀实验(constant component expansion，CCE)；②恒定温度下的差异脱气实验；③分离实验(不同温度下的多级实验)。

(2) 凝析气和干气 PVT 研究，包括：①恒质膨胀实验(constant mass depletion，CMD)；②定容衰竭实验(constant volume depletion，CVD)。

(3) 在油藏条件下的配样(包括井下样和分离器样)。

(4) 高温、高压黏度测试。

超高压全可视 PVT 分析仪由下列部件组成：机械活塞驱动全可视 PVT 釜、电加热及温度控制系统、磁力搅拌系统、电子控制箱、CCD 摄像系统、IRMIDDS 露点探测系统、计算机控制与数据采集和处理系统、压力和温度传感器、高压阀门、管线、连接件等。

PVT 釜配备磁力搅拌器，用于流体样品的搅拌，并且 PVT 釜可在实验中自动摇动以达到进一步搅拌的效果(可翻转 135°)。全可视 PVT 釜可以翻转，分别用于原油和凝析气的 PVT 分析。

PVT 釜外部配备电加热系统，用于系统的加热和温度控制。

压力传感器、温度传感器、数据采集和控制系统均包括在这套仪器中，可以自动测量、记录体系的压力、温度和体积。

采用 CCD 摄像系统及用于相体积计算的分界面缩放分析软件“Histolab”观测相态改变时产生的固体颗粒、泡沫或液滴的生成。

所有与样品接触的密封件采用可抗酸性气体(如 CO_2 和 H_2S)腐蚀的材料制成。依据实验压力和温度的不同，每套密封件可以应用于 20～80 个样品，而无须拆卸。

技术特点：

- 系统超高压
- PVT 釜全可视
- 高体积测量精度
- 强磁力搅拌器

- 活塞特殊密封材料不含 O 形圈
- 无汞
- 最大工作压力：150MPa
- 最大工作温度：200℃
- PVT 釜体积：240ml
- 可视体积：240ml
- 蓝宝石视窗可视直径：60mm
- 抗腐蚀能力：样品中 CO_2 体积含量≤50%，H_2S 体积含量≤20%
- 校正后的测量精度：
- 压力：0.01MPa
- 温度：+/−0.1℃
- 体积：+/−0.001ml
- 反凝液：0.001ml

实验所用的 MI-PVT 相态及注气计算软件包可以对明确组分体系以及特征化后的油藏流体进行如下模拟计算：

(1) 油藏流体的特征化；

(2) 压力-温度相包线计算；

(3) 两相闪蒸计算；

(4) 多相闪蒸计算；

(5) 泡、露点压力计算；

(6) 注气溶胀实验模拟；

(7) 最小混相压力计算；

(8) 最小混相组成计算；

(9) 一维细管实验模拟；

(10) 各项 PVT 实验模拟，包括泡、露点压力、恒组成膨胀、差压脱气、定容衰竭、分离器实验、溶胀实验、最小混相压力；

(11) 黏度计算；

(12) PVT 实验数据回归计算；

(13) 使用 CPA 状态方程计算含极性组分(如水、甲醇)体系的有关相平衡；

(14) 水合物生成条件计算。

2.3.2　实验原理

先将天然气加温加压到实验所要求的压力温度下测量气样体积，然后将天然气放到室温室压下再测量其体积，最后用气体状态方程计算出偏差系数。

计算公式如下：

$$Z=\frac{p\Delta VT_{s}}{\left(p_{s}-p_{w}\right)V_{s}T} \tag{2-9}$$

式中，p_s、p_w——分别为 PVT 筒压力和室压，MPa；对于湿式气量计 p_w 为室温下水的饱和蒸气压，对于干式气量计 p_w 为 0；

T、T_s——分别为 PVT 筒温度和室温，K；

ΔV、V_s——分别为 PVT 筒放出气体的体积和室温室压下放出气体的体积，ml。

2.3.3 实验方法

将现场取得的高压气样在保持压力的情况下，直接转入 PVT 相态室，在实验温度和压力下稳定 4 小时后，把一定体积的气体闪蒸到大气条件，测出放出的气体在大气条件下的温度和体积，再利用状态方程得出气样在实验条件下的偏差系数。实验时，实验室必须通风良好，防毒面具必须配备齐全，以保证实验过程的安全。进入气量计中的气体不能直接排入空气当中，必须在排气出口处连接一长橡皮管直通洗液瓶，洗液瓶置于通风橱中，内装 NaOH 溶液，让 NaOH 与 H_2S 充分反应后排于空气中。气量计在排完气后必须用氮气置换吹扫，吹扫气排放到通风橱内。

2.3.4 实验步骤

实验测试步骤：

(1) 将 PVT 筒及管线清洗干净并吹干，对仪器进行试温试压。

(2) 准备气样。

(3) 将配制好的气样约 100ml 转到 PVT 筒中。

(4) 将其加温、加压到实验所要求的值，搅拌稳定 5 小时，并静置半小时，读取 PVT 筒中的气样体积。

(5) 打开分离器和气量计上的阀门，然后缓慢打开 PVT 筒上的排出阀排气，同时进泵恒压以保持压力，排出地层流体 10ml 左右，关闭排气阀。排气结束后，记录 PVT 筒中的气样体积、气量和密度，并取气样分析其组成。

(6) 重复上述步骤，多次测试天然气偏差系数，至少应有三次测试值相近，其相对误差不得超过 3%。

2.3.5 H_2S 对金属腐蚀情况分析

在湿的天然气中 H_2S 对金属的腐蚀主要表现为两大类型：一类为电化学反应过程中阳极铁溶解导致钢瓶均匀腐蚀和局部腐蚀，表现为钢瓶壁不断变薄，或形成斑点，或腐蚀穿孔等现象；另一类为电化学反应过程中阴极析出的氢原子在 H_2S 的作用下进入钢中导致钢发生两种类型的开裂，即硫化物应力开裂和氢致裂纹。这些腐蚀只有在富含 H_2S 天然气含有水的情况下才发生。通过测试实验观察和计量发现（表 2-3、表 2-4），实验测试时存在气体组成发生变化的现象，这可能导致流体 PVT 参数测试不准确。其原因有二：其一，金属微粒之间孔隙或裂痕吸收 H_2S；其二，在 H_2S 存在的情况下金属表面可能会催生一种抑制腐蚀反应的物质。因此实验采用曾盛装过 H_2S 的钢瓶以及高压玻璃瓶进行流体 PVT 参数测试。

表 2-3　未盛过 H_2S 的取样筒中天然气各组分含量随时间的变化

组分	摩尔分数/%				
	原始	一周后	一个月后	三个月后	九个月后
He	0.019	0.020	0.02	0.02	0.02
H_2	0.000	0.004	0.02	0.05	0.06
N_2	0.51	0.48	0.56	0.54	0.61
CO_2	6.09	6.28	6.22	6.24	6.26
H_2S	9.82	8.34	7.64	7.55	7.74
CH_4	83.48	85.03	85.46	85.52	85.24
C_2H_6	0.07	0.07	0.07	0.07	0.07
C_3H_8	0.01	0.01	0.01	0.01	0.00

表 2-4　盛过 H_2S 的取样筒中天然气各组分含量随时间的变化

组分	摩尔分数/%	
	原始	两个月后
He	0.02	0.02
H_2	0.00	0.02
N_2	1.16	1.06
CO_2	5.45	6.98
H_2S	12.93	11.30
CH_4	80.38	81.58
C_2H_6	0.05	0.04
C_3H_8	0.01	0.00

2.4　高含硫无水气样天然气高压物性参数研究

2.4.1　实验研究

按照《天然气藏流体物性分析方法》(SY/T 6434—2000)标准的要求，对 YB27 井长兴组天然气进行地层温度条件下的单次脱气实验和逐步递减五个温度条件下的恒质膨胀实验研究，分析不同压力下天然气的偏差系数、体积系数、密度、压缩系数、黏度等参数的变化情况。

1.偏差系数

由图 2-9 可以看出，在相同的温度条件下，气体偏差系数随压力的降低呈现先降低后升高的趋势，且低压下偏差系数对温度的敏感性要强于高压下。

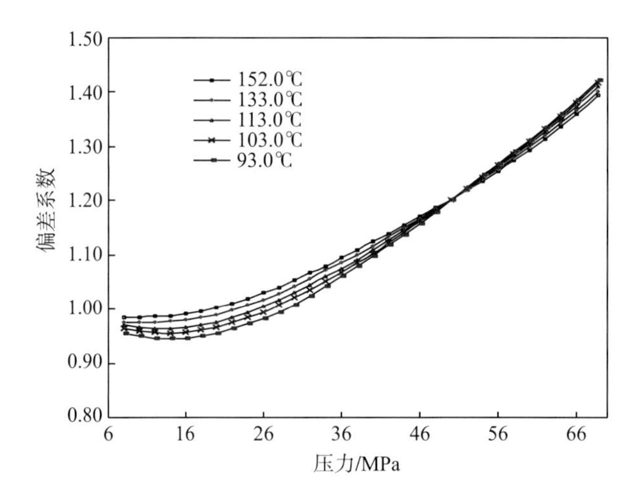

图 2-9 YB27 井在不同温度下偏差系数与压力的关系曲线

2.体积系数

在相同温度条件下，气体体积系数随压力的增大呈减小趋势，随温度的升高呈增大趋势，但与压力相比，体积系数对温度的敏感性要小得多。低压下，由于气体分子间的作用力减小，气体体积急剧增大，体积系数显著增大。当压力小于 20MPa 时，随压力的增加，体积系数急剧下降；当压力介于 20～35MPa 时，随压力增加，体积系数下降幅度减小；当压力大于 35MPa 时，随压力的增加，体积系数下降趋势明显变缓(图 2-10)。

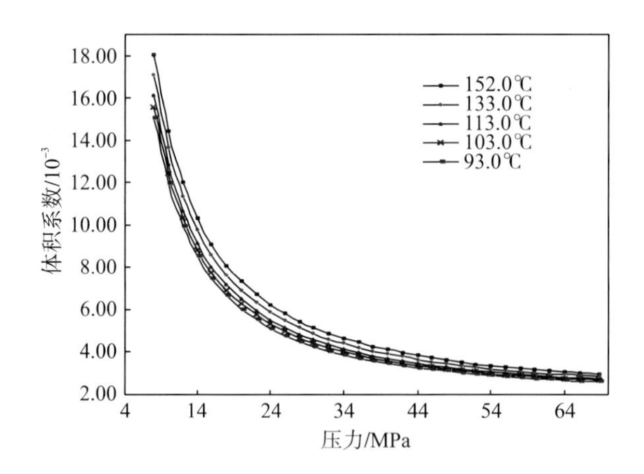

图 2-10 YB27 井在不同温度下体积系数与压力的关系曲线

3.压缩系数

压缩系数随压力的增加而减小，对温度的敏感性极弱。压力小于 25MPa 时，随压力的增加，压缩系数急剧下降；压力介于 25～40MPa 时，随压力增加，压缩系数下降幅度减小；压力大于 40MPa 时，压缩系数下降趋势明显变缓(图 2-11)。

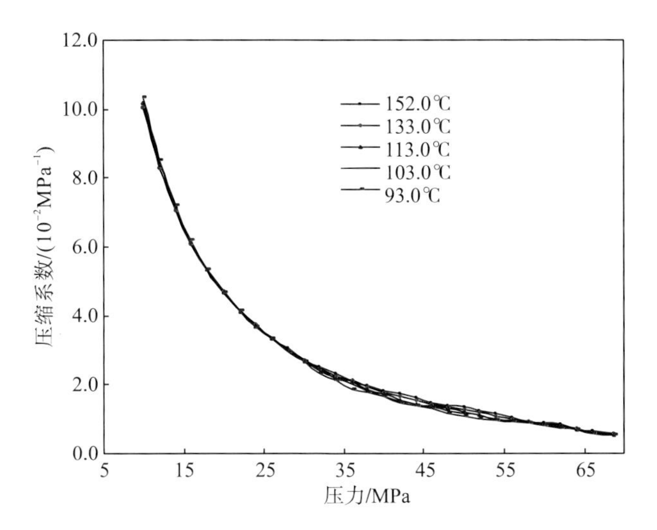

图 2-11 YB27 井在不同温度下压缩系数与压力的关系曲线

4.密度

随着压力的下降，密度值显著降低；随着温度的增加密度值呈下降趋势，且随着压力的下降，密度对温度的敏感性不断降低(图 2-12)。

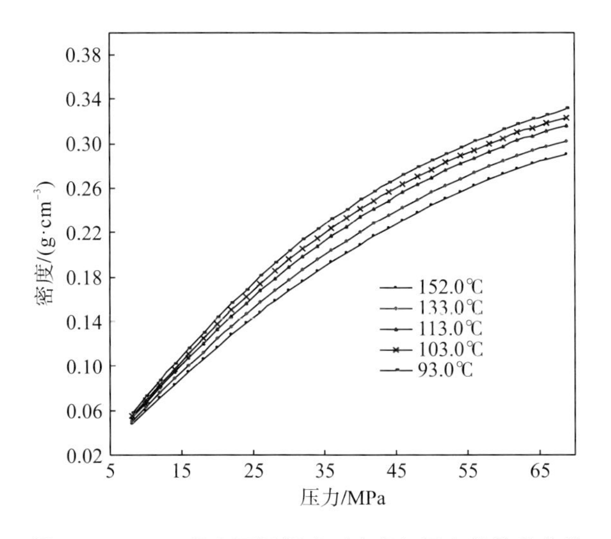

图 2-12 YB27 井在不同温度下密度与压力的关系曲线

5.黏度

气体黏度随压力的增大呈增加趋势，随温度的变化规律为：当压力在 21MPa 左右时，气体黏度几乎不受温度的影响；当压力大于 21MPa 时，气体黏度随温度的增加而降低；当压力小于 21MPa 时，气体黏度随温度的增加而增加(图 2-13)。

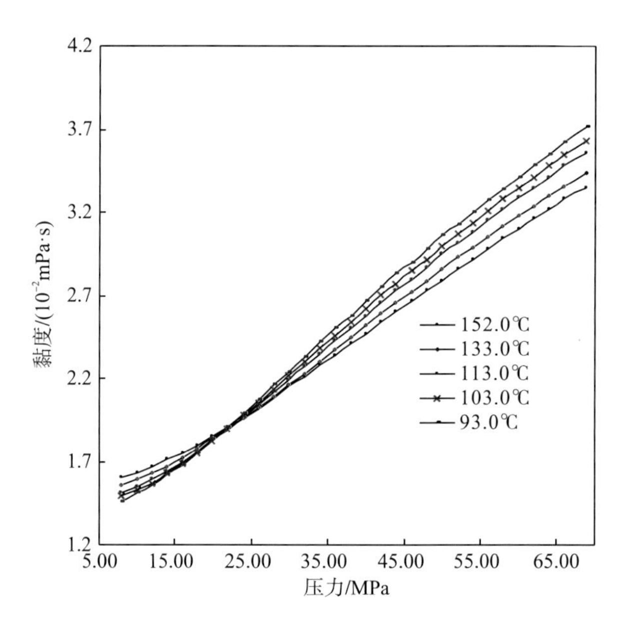

图 2-13 YB27 井在不同温度下黏度与压力的关系曲线

2.4.2 理论计算与模型优选

1.黏度计算模型

常规气体黏度计算模型主要有 Lee-Gonzalez(LG)法、Lohrenz-Bray-Clark(LBC)法和 Dempsey(D)法。由于酸性气体中 H_2S 和 CO_2 等非烃气体组分的影响，酸性气体的黏度往往比常规气体的黏度要偏高，因此在常规气体黏度的经验预测方法基础上，需要对酸性气体的黏度进行非烃校正。

1) Lee-Gonzalez 法(LG 法)

Lee 和 Gonzalez 等对四个石油公司提供的 8 个天然气样品，在温度为 37.8～171.2℃和压力为 0.1013～55.158MPa 的条件下，进行了黏度和密度的实验测定，利用测定的数据得到了如下的相关经验公式：

$$\mu_g = 10^{-4} K \exp(X \rho_g^Y) \tag{2-10}$$

$$K = \frac{2.6832 \times 10^{-2} (470 + M_g) T^{1.5}}{116.1111 + 10.5556 M_g + T} \tag{2-11}$$

$$X = 0.01\left(350 + \frac{54777.78}{T} + M_g\right) \tag{2-12}$$

$$Y = 0.2(12 - X) \tag{2-13}$$

$$\rho_g = \frac{10^{-3} M_{air} \gamma_g p}{ZRT} \tag{2-14}$$

式中，μ_g——地层天然气的黏度，mPa·s；

ρ_g——地层天然气的密度，g·cm^{-3}；

M_g——天然气的摩尔质量，$kg \cdot kmol^{-1}$；
M_{air}——空气的摩尔质量，$kg \cdot kmol^{-1}$；
X、Y、K——关联参数；
T——地层温度，K；
γ_g——天然气的相对密度(空气=1)；
p——地层压力，MPa；
R——气体常数，$MPa \cdot m^3 \cdot kmol^{-1} \cdot K^{-1}$。

2) Lohrenz-Bray-Clark 法(LBC 法)

Lohrenz 等(1964)提出了如下公式来计算高压气体黏度：

$$[(\mu - \mu_{g1})\xi + 10^{-4}]^{1/4} = a_1 + a_2\rho_r + a_3\rho_r^2 + a_4\rho_r^3 + a_5\rho_r^4 \tag{2-15}$$

式中，a_1=0.1023；a_2=0.023364；a_3=0.058533；a_4=−0.040758；
a_1——可根据某高压下的黏度计算得出；
μ_{g1}——气体在低压下的黏度，mPa·s；
ρ_r——对比密度，$\rho_r = \dfrac{\rho}{\rho_c}$，其中，

$$\rho_c = V_c^{-1} = \left[\sum_{\substack{i=1 \\ i \neq C_{7+}}}^{N} (Z_i V_{ci}) + Z_{C_{7+}} V_{c_{C_{7+}}}\right]^{-1} \tag{2-16}$$

$V_{c_{C_{7+}}}$ 可由下式确定：

$$V_{c_{C_{7+}}} = 21.573 + 0.015122\mathrm{MW}_{C_{7+}} - 27.656 \times \mathrm{SG}_{C_{7+}} + 0.070615\mathrm{MW}_{C_{7+}} \times \mathrm{SG}_{C_{7+}} \tag{2-17}$$

式中，$\mathrm{MW}_{C_{7+}}$、$\mathrm{SG}_{C_{7+}}$——分别为 C_{7+} 的平均分子质量和比重。

ξ 按照下式计算：

$$\xi = \left(\sum_{i=1}^{N} T_{ci} z_i\right)^{\frac{1}{6}} \left(\sum_{i=1}^{N} \mathrm{MW}_i z_i\right)^{-\frac{1}{2}} \left(\sum_{i=1}^{N} p_{ci} z_i\right)^{-\frac{2}{3}} \tag{2-18}$$

对于气体在低压下的黏度，可用 Herning 和 Zipperer 混合定律确定：

$$\mu_{g1} = \frac{\sum_{i=1}^{n} \mu_{gi} Y_i M_i^{0.5}}{\sum_{i=1}^{n} Y_i M_i^{0.5}} \tag{2-19}$$

式中，M_i——气体中 i 组分的分子质量；
Y_i——混合气中 i 组分的摩尔分数；

式(2-19)中，μ_{gi} 为 1 个大气压和给定温度下单组分气体的黏度，其值由 Stiel & Thodos 式确定：

$$\mu_{gi} = 34 \times 10^{-5} \frac{1}{\xi_i} T_{ri}^{0.94}, \quad T_{ri} < 1.5 \tag{2-20}$$

$$\mu_{gi} = 17.78 \times 10^{-5} \frac{1}{\xi_i} (4.58 T_{ri} - 1.67)^{\frac{5}{8}}, \quad T_{ri} \geqslant 1.5 \tag{2-21}$$

3) Dempsey 法 (D 法)

Dempsey 对 Carr 等的图进行拟合，得到：

$$\ln\left(\frac{\mu_g T_r}{\mu_1}\right)=A_0+A_1p_r+A_2p_r^2+A_3p_r^3+T_r(A_4+A_5p_r+A_6p_r^2+A_7p_r^3)$$
$$+T_r^2(A_8+A_9p_r+A_{10}p_r^2+A_{11}p_r^3)+T_r^3(A_{12}+A_{13}p+A_{14}p_r^2+A_{15}p_r^3) \quad (2\text{-}22)$$

$$\mu_1=(1.709\times10^{-5}-2.062\times10^{-6}\gamma_g)(1.8T+32)+8.188\times10^{-3}$$
$$-6.15\times10^{-3}\lg\gamma_g$$

式中，A_0=−2.4621182；A_1=2.97054714；A_2=−0.286264054；A_3=0.00805420522；
A_4=2.80860949；A_5=−3.49803305；A_6=0.36037302；A_7=−0.0104432413；
A_8=−0.793385684；A_9=1.39643306；A_{10}=−0.149144925；A_{11}=0.00441015512；
A_{12}=0.0839387178；A_{13}=−0.186408846；A_{14}=0.0203367881；
A_{15}=−0.000609579263；
μ_1——在 1 个大气压和给定温度下单组分气体的黏度，mPa·s。

4) 杨继盛校正 (YJS 校正)

杨继盛提出的非烃校正主要是对 Lee-Gonzalez 经验公式中的式 (2-11) 进行校正。

$$K'=K+K_{H_2S}+K_{CO_2}+K_{N_2} \quad (2\text{-}23)$$

式中，K'——校正后的经验系数；
K——经验系数；
K_{H_2S}、K_{CO_2} 和 K_{N_2}——当天然气中有 H_2S、CO_2 和 N_2 存在时所引起的附加黏度校正系数。

对于 0.6＜γ_g＜1 的天然气：

$$K_{H_2S}=Y_{H_2S}(0.000057\gamma_g-0.000017)\times10^4 \quad (2\text{-}24)$$

$$K_{CO_2}=Y_{CO_2}(0.000050\gamma_g+0.000017)\times10^4 \quad (2\text{-}25)$$

$$K_{N_2}=Y_{N_2}(0.00005\gamma_g+0.000047)\times10^4 \quad (2\text{-}26)$$

对于 1＜γ_g＜1.5 的天然气：

$$K_{H_2S}=Y_{H_2S}(0.000029\gamma_g+0.0000107)\times10^4 \quad (2\text{-}27)$$

$$K_{CO_2}=Y_{CO_2}(0.000024\gamma_g+0.000043)\times10^4 \quad (2\text{-}28)$$

$$K_{N_2}=Y_{N_2}(0.000023\gamma_g+0.000074)\times10^4 \quad (2\text{-}29)$$

式中，Y_{H_2S}、Y_{CO_2} 和 Y_{N_2}——天然气中 H_2S、CO_2 和 N_2 的体积百分数。

5) Standing 校正

Standing 提出的校正公式为

$$\mu_1'=(\mu_1)_m+\mu_{N_2}+\mu_{CO_2}+\mu_{H_2S} \quad (2\text{-}30)$$

式中各校正系数为

$$\mu_{H_2S} = M_{H_2S} \cdot (8.49 \times 10^{-3} \lg \gamma_g + 3.73 \times 10^{-3}) \tag{2-31}$$

$$\mu_{CO_2} = M_{CO_2} \cdot (9.08 \times 10^{-3} \lg \gamma_g + 6.24 \times 10^{-3}) \tag{2-32}$$

$$\mu_{N_2} = M_{N_2} \cdot (8.48 \times 10^{-3} \lg \gamma_g + 9.59 \times 10^{-3}) \tag{2-33}$$

式中，μ_{H_2S}、μ_{CO_2}、μ_{N_2}——H_2S、CO_2和N_2黏度校正值，mPa·s；

M_{N_2}、M_{CO_2}、M_{H_2S}——该项气体占气体混合物的摩尔分数，小数；

γ_g——天然气相对密度(空气为 1.0)；

T——地层温度，℃。

该校正方法只适用于 Dempsey 法。

2.偏差系数计算模型

1)状态方程法

(1) SRK (Soave-Redlich-Kwong) 状态方程

$$p = \frac{RT}{V - b_m} - \frac{a_m(T)}{V(V + b_m)} \tag{2-34}$$

$$a_m(T) = \sum_{i=1}^{n} \sum_{j=1}^{n} x_i x_j (a_i a_j \alpha_i \alpha_j)^{0.5} (1 - k_{ij}) \tag{2-35}$$

$$b_m = \sum_{i=1}^{n} x_i b_i \tag{2-36}$$

式中，k_{ij}——由 Soave 引入，用以提高混合物预测精度的二元交互作用系数；

R——气体普适常数，8.31MPa·cm^3·mol^{-1}·K^{-1}；

x_i、x_j——分别表示平衡混合气相和混合液相中各组分的摩尔分数；

a_i、a_j——计算参数；

a_m、b_m——分别为混合体系平均引力系数和斥力常数。

SRK 状态方程的压缩因子 Z 的三次方程可表示为

$$Z_m^3 - Z_m^2 + (A_m - B_m - B_m^2) Z_m - A_m B_m = 0 \tag{2-37}$$

式中，$A_m = \dfrac{a_m(T) p}{(RT)^2}$；$B_m = \dfrac{b_m p}{RT}$。

(2) PR 状态方程

$$p = \frac{RT}{V - b_m} - \frac{a_m(T)}{V(V + b_m) + b_m(V - b_m)} \tag{2-38}$$

PR 方程的压缩因子 Z 的三次方程可表示为

$$Z_m^3 - (1 - B_m) Z_m^2 + (A_m - 2B_m - 3B_m^2) Z_m - (A_m B_m - B_m^2 - B_m^3) = 0 \tag{2-39}$$

式中，$A_m = \dfrac{a_m(T) p}{(RT)^2}$；$B_m = \dfrac{b_m p}{RT}$。

2)经验公式法

计算酸性气体偏差系数的经验公式很多，目前较为常用的方法主要有：Dranchuk-

Purvis-Robinson(DPR)法、Hall & Yarborough(HY)法、Sarem 方法、Dranchuk-Abu-Kassem(DAK)法、Hankinson-Thomas-Phillips(HTP)法、Beggs-Brill(BB)法和李相方(LXF)法等。

(1) Dranchuk-Purvis-Robinson(DPR)法

Dranchuk、Purvis 和 Robinson 根据 Benedict-Webb-Rubin 状态方程，将偏差系数转换为拟对比压力和拟对比温度的函数，于 1974 年推导出了带 8 个常数的经验公式，其形式为

$$Z=1+\left(A_1+\frac{A_2}{T_{pr}}+\frac{A_3}{T_{pr}^3}\right)\rho_r+\left(A_4+\frac{A_5}{T_{pr}}\right)\rho_r^2+\left(\frac{A_5A_6}{T_{pr}}\right)\rho_r^5+\frac{A_7}{T_{pr}^3}\rho_r^2(1+A_8\rho_r^2)\exp(-A_8\rho_r^2) \tag{2-40}$$

其中，

$$\rho_{pr}=0.27p_{pr}/\left(ZT_{pr}\right) \tag{2-41}$$

式中，A_1～A_8 为系数，其值如下：A_1=0.31506237，A_2=−1.0467099，A_3=−0.57832729，A_4=0.53530771，A_5=−0.61232032，A_6=−0.10488813，A_7=0.68157001，A_8=0.68446549。

用牛顿迭代法解非线性问题可得到偏差系数的值。这种方法的使用范围是：$1.0\leqslant T_{pr}\leqslant 3$；$0.2\leqslant p_{pr}\leqslant 30$。

(2) Hall & Yarborough(HY)计算法

该法以 Starling-Carnahan 状态方程为基础，通过对 Standing-Katz 图版进行拟合，得到以下关系式：

$$Z=0.06125\left[p_{pr}/(\rho_r T_{pr})\right]\exp\left[-1.2(1-1/T_{pr})^2\right] \tag{2-42}$$

式中，ρ_{pr}——拟对比密度，可用牛顿迭代法由如下方程求得：

$$\begin{aligned}&\frac{\rho_{pr}+\rho_{pr}^2+\rho_{pr}^3-\rho_{pr}^4}{(1-\rho_{pr})^3}-(14.76/T_{pr}-9.76/T_{pr}^2+4.58/T_{pr}^3)\rho_r^2\\&+(90.7/T_{pr}-242.2/T_{pr}^2+42.4/T_{pr}^3)\rho_r^{(2.18+2.82/T_{pr})}\\&-0.06152(p_{pr}/T_{pr})\exp\left[-1.2(1-1/T_{pr})^2\right]=0\end{aligned} \tag{2-43}$$

该法应用范围是：$1.2\leqslant T_{pr}\leqslant 3$，$0.1\leqslant p_{pr}\leqslant 24.0$。

(3) Dranchuk-Abu-Kassem(DAK)法

该法计算 Z 系数的公式与 Dranchuk-Purvis-Robinsion 计算法相同，但其相对密度应采用牛顿迭代法由下式求得：

$$\begin{aligned}&1+\left(A_1+\frac{A_2}{T_{pr}}+\frac{A_3}{T_{pr}^3}+\frac{A_4}{T_{pr}^4}+\frac{A_5}{T_{pr}^5}\right)\rho_{pr}+\left(A_6+\frac{A_7}{T_{pr}}+\frac{A_8}{T_{pr}^2}\right)\rho_{pr}^2\\&-A_9\left(\frac{A_7}{T_{pr}}+\frac{A_8}{T_{pr}^2}\right)\rho_{pr}^5+\frac{A_{10}}{T_{pr}^3}\rho_{pr}^2\left(1+A_{11}\rho_{pr}^2\right)\exp\left(-A_{11}\rho_{pr}^2\right)-0.27\frac{p_{pr}}{\rho_{pr}T_{pr}}=0\end{aligned} \tag{2-44}$$

系数 A_1～A_{11} 的值为：A_1=0.32650，A_2=−1.07000，A_3=−0.53390，A_4=0.01569，A_5=−0.05165，A_6=0.54750，A_7=−0.73610，A_8=0.18440，A_9=0.10560，A_{10}=0.61340，A_{11}=0.72100。

该法应用范围是 $1.0\leqslant T_{pr}\leqslant 3$，$0.2\leqslant p_{pr}\leqslant 30$ 或 $0.7\leqslant T_{pr}\leqslant 1.0$，$p_{pr}<1.0$。

(4) Sarem 法

用最小二乘法按 Legeadre 多项式拟合 Standing-Katz 图版得到如下关系式：

$$Z=\sum_{m=0}^{5}\sum_{n=0}^{5}A_{mn}p_m(x)p_n(y) \tag{2-45}$$

式中，A_{mn}——常数，为已知数；

$p_m(x)$、$p_n(y)$——Legendre 多项式的拟对比压力和拟对比温度，其中，$x=\dfrac{2p_{\mathrm{pr}}-15}{14.8}$，$y=\dfrac{2T_{\mathrm{pr}}-4}{1.9}$。

该法应用范围是：$1.05\leqslant T_{\mathrm{pr}}\leqslant 2.95$，$0.1\leqslant p_{\mathrm{pr}}\leqslant 14.9$ 或 $0.7\leqslant T_{\mathrm{pr}}\leqslant 1.0$，$p_{\mathrm{pr}}<1.0$。

(5) Hankinson-Thomas-Phillips (HTP) 法

HTP 法计算 Z 系数的公式为

$$\begin{aligned}&\frac{1}{Z}-1+\left(A_4T_{\mathrm{pr}}-A_2-\frac{A_6}{T_{\mathrm{pr}}^2}\right)\frac{p_{\mathrm{pr}}}{Z^2T_{\mathrm{pr}}^2}+\left(A_3T_{\mathrm{pr}}-A_1\right)\frac{p_{\mathrm{pr}}^2}{Z^3T_{\mathrm{pr}}^3}\\&+\frac{A_1A_5A_7p_{\mathrm{pr}}^5}{Z^6T_{\mathrm{pr}}^6}\left(1+\frac{A_8p_{\mathrm{pr}}^2}{Z^2T_{\mathrm{pr}}^2}\right)\exp\left(-\frac{A_8p_{\mathrm{pr}}^2}{Z^2T_{\mathrm{pr}}^2}\right)=0\end{aligned} \tag{2-46}$$

HTP 法可采用牛顿迭代法计算求解。HTP 法在以下范围内足够精确：$1.1\leqslant T_{\mathrm{pr}}\leqslant 3.0$，$0\leqslant p_{\mathrm{pr}}\leqslant 15.0$。

(6) Beggs & Brill (BB) 法

Beggs 和 Brill 于 1973 年提出的计算偏差系数的经验公式为

$$Z=A+\frac{1-A}{\mathrm{e}^B}+Cp_{\mathrm{r}}^D \tag{2-47}$$

式中，A、B、C 和 D 是对比压力和对比温度的函数。

(7) 李相方 (LXF) 法

针对以前的偏差系数经验式多适用于常压条件，而高压时误差很大，为提高高压条件下的精度，李相方教授通过对 Standing-Katz 图版拟合得到下式：

$$Z=X_1p_{\mathrm{pr}}+X_2 \tag{2-48}$$

当 $1.05\leqslant T_{\mathrm{pr}}\leqslant 3.0$，$8\leqslant p_{\mathrm{pr}}\leqslant 15.0$ 和 $1.5\leqslant T_{\mathrm{pr}}\leqslant 3.0$，$15\leqslant p_{\mathrm{pr}}\leqslant 30.0$ 时，X_1 和 X_2 分别采用不同的关系式计算。

此外，还有 Leung 法、Carlie-Gillett 法、Burnett 法、Pappy 法和 Gopal 法等可用于计算气体的偏差系数。其中由于 Pappy 法、Carlie-Gillett 法、Burnett 法和 Leung 法适用性较差，而 Gopal 法需要分段计算，使用上有许多不便，因此这些方法使用较少。

(8) 郭绪强校正模型

郭绪强教授等对酸性气体临界参数进行了校正，所采用的公式如下：

$$T_{\mathrm{c}}=T_{\mathrm{m}}-C_{\mathrm{wa}} \tag{2-49}$$

$$p_{\mathrm{c}}=T_{\mathrm{c}}\sum(x_ip_{\mathrm{c}i})/\left[T_{\mathrm{c}}+x_1(1-x_1)C_{\mathrm{wa}}\right] \tag{2-50}$$

$$T_{\mathrm{m}}=\sum_{i=1}^{n}(x_iT_{\mathrm{c}i}) \tag{2-51}$$

$$C_{\mathrm{wa}}=\frac{1}{14.5038}\left|120\times\left|(x_1+x_2)^{0.9}-(x_1+x_2)^{1.6}\right|+15(x_1^{0.5}-x_1^4)\right| \tag{2-52}$$

式中，x_1——H_2S 在体系中的摩尔分数；

x_2——CO_2 在体系中的摩尔分数。

(9) Wichert-Aziz 校正（WA 校正）方法

1972 年，Wichert-Aziz 引入参数 ε，以考虑一些常见极性分子（H_2S、CO_2）的影响，希望用此参数来弥补常用计算方法的缺陷。参数 ε 的关系式如下：

$$\varepsilon=15(M-M^2)+4.167(N^{0.5}-N^2) \tag{2-53}$$

式中，M——气体混合物中 H_2S 与 CO_2 的摩尔分数之和；

N——气体混合物中 H_2S 的摩尔分数。

根据 Wichert-Aziz 的观点，每个组分的临界温度和临界压力都应与参数 ε 有关，临界参数的校正关系式如下所示：

$$T_{\mathrm{c}i}'=T_{\mathrm{c}i}-\varepsilon \tag{2-54}$$

$$p_{\mathrm{c}i}'=p_{\mathrm{c}i}T_{\mathrm{c}i}'/T_{\mathrm{c}i} \tag{2-55}$$

式中，$T_{\mathrm{c}i}$——i 组分的临界温度，K；

$p_{\mathrm{c}i}$——i 组分的临界压力，kPa；

$T_{\mathrm{c}i}'$——i 组分的校正临界温度，K；

$p_{\mathrm{c}i}'$——i 组分的校正临界压力，kPa。

同时，Wichert-Aziz 还提出了修正方程的压力适用范围为 0～17240kPa。在该压力范围内还需对温度进行修正，其关系式如下：

$$T'=T+1.94(p/2760-2.1\times10^{-8}p^2) \tag{2-56}$$

2.4.3 模型优选及计算

1.典型井型优选

YB 气田长兴组天然气烃类组分以 CH_4 为主，非烃类组分以 H_2S、CO_2 为主。YB 长兴组相同井区内位于同一地层层位的气体的 PVT 性质具有相似性，因此可以在 YB 长兴组相同井区内选取一口典型井作为该井区 PVT 性质的代表，同时考虑气井的天然气产量大小，YB29 井区长一段和长二段选取 YB205 井（YB29 井长一段缺少地层压力数据），YB27 井区长二段选取 YB27 井，YB101 井区长二段选取 YB1 侧 1 井，YB103H 井区长二段选取 YB103H 井，YB12 井区长兴组选取 YB12 井。

2.偏差系数计算模型优选

针对天然气 PVT 参数大小的确定方法，国内外众多学者进行了大量研究，但需要优选出计算 YB 长兴组气藏高含硫天然气 PVT 参数大小的模型。表 2-5 是计算天然气偏差系数的经验公式及适用条件。由于 WA 校正的适用条件是 0～17.24MPa，不适于 YB 长兴组地层压力，所以对以下模型采用 GXQ 校正。

表 2-5　计算天然气偏差系数的经验公式及适用条件

计算模型	适用条件
Dranchuk-Abu-Kassem(DAK)	$1.0 \leqslant T_{pr} \leqslant 3$，$0.2 \leqslant p_{pr} \leqslant 30$；$0.7 \leqslant T_{pr} \leqslant 1.0$，$p_{pr} < 1.0$
Dranchuk-Purvis-Robinsion(DPR)	$1.0 \leqslant T_{pr} \leqslant 3.0$；$0.2 \leqslant p_{pr} \leqslant 30$
Hall & Yarborough(HY)	$1.2 \leqslant T_{pr} \leqslant 3$；$0.1 \leqslant p_{pr} \leqslant 24.0$，$p > 35$MPa
Sarem	$1.05 \leqslant T_{pr} \leqslant 2.95$，$0.1 \leqslant p_{pr} \leqslant 14.9$；$0.7 \leqslant T_{pr} \leqslant 1.0$，$p_{pr} < 1.0$
ZCD	$8 \leqslant p_{pr} < 15$，$1.05 \leqslant T_{pr} < 3$；$15 \leqslant p_{pr} < 30$、$1.05 \leqslant T_{pr} < 3$
LXF	$1.05 \leqslant T_{pr} \leqslant 3.0$，$8 \leqslant p_{pr} \leqslant 15.0$；$1.5 \leqslant T_{pr} \leqslant 3.0$，$15 \leqslant p_{pr} \leqslant 30.0$
Hankinson-Thomas-Phillips(HTP)	$1.1 \leqslant T_{pr} \leqslant 3.0$；$0 \leqslant p_{pr} \leqslant 15.0$
Beggs-Brill(BB)	$1.5 \leqslant p_{pr} < 4.4$，$1.05 < T_{pr} \leqslant 1.1$
Cranmer	$p > 35$MPa
校正方法	适用条件
Wichert-Aziz(WA)	0～17.24MPa
GXQ	主要针对 HTP 和 DPR 提出

由试气报告可知道 YB27 井和 YB1 侧 1 井的气体组成，见表 2-6，首先将两口井的气体摩尔组成归一化处理，然后用上述偏差系数经验公式进行计算，最终得到了适用于计算 YB 长兴组高含硫气体偏差系数的模型组合($y_{H_2S} \geqslant 5\%$)：DPR-GXQ 校正、Papay-GXQ 校正、LXF-GXQ 校正，采用加权平均，权重分别为 10、1、1。当 $y_{H_2S} \leqslant 5\%$ 时，推荐采用 DPR-CKB 校正。图 2-14～图 2-17 分别为 YB27 井和 YB1 侧 1 井在不同温度、压力下偏差系数的实测值与推荐模型计算值的对比。表 2-7 为 YB 长兴组高含硫气藏单井不同温度、压力下偏差系数的实测值与推荐模型计算值的对比。

表 2-6　YB 气田长兴组气藏天然气组分分析结果统计表

井号	组分含量(摩尔分数，10^{-2})							相对密度	临界压力/MPa	临界温度/K
	CH_4	C_2H_6	CO_2	H_2S	N_2	He	H_2			
YB101	81.77	0.03	11.53	3.71	2.89	0.01	0.01	0.6582	4.7136	194.75
YB1 侧 1	86.72	0.04	6.25	6.61	0.28	0.01	0.01	0.6585		
YB204	91.88	0.05	4.72	2.7	0.58	0.01	0.01	0.5883	4.5986	190.41
YB27	90.71	0.04	3.12	5.14	0.83	0.16	0.00	0.6200	4.9330	202.90
YB29	86.18	0.06	7.64	5.04	0.40	0.0067	0.67	0.7938		
YB205 上	91.96	0.04	4.80	2.51	0.57	0.01	0.07	0.5898	4.6070	190.77
YB205 下	89.28	0.04	4.92	5.09	0.65	0.01	0.01			

表 2-7 不同温度力下偏差系数的实测值与推荐模型计算值对比

井号	地层压力/MPa	地层温度/℃	偏差系数实测值	推荐模型计算值	相对误差/%
YB101	68.90	152.55	1.3744	1.3759246	0.11
YB1 侧 1	68.66	152.61	1.3753	1.372026	0.24
	67.69	148.40	1.3656	1.362921	0.20
YB204	66.30	151.00	1.2781	1.284192	0.48
	67.42	151.90	1.2914	1.294022	0.20
YB29	67.76	156.60	1.3530	1.3678731	1.10
YB27	70.67	153.41	1.4170	1.412125	0.34
	68.81	152.00	1.3944	1.393098	0.09
YB205 上	66.38	146.00	1.3016	1.280345	1.63
YB205 下	68.03	154.00	1.3530	1.3769745	1.77

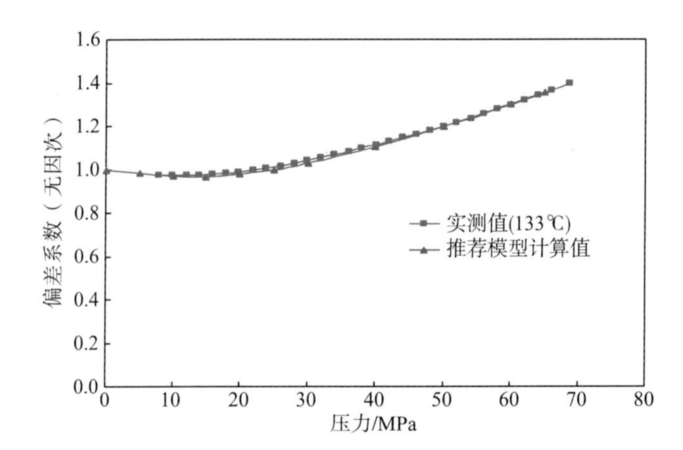

图 2-14 YB27 井在不同压力下偏差系数的实测值(133℃)与推荐模型计算值对比

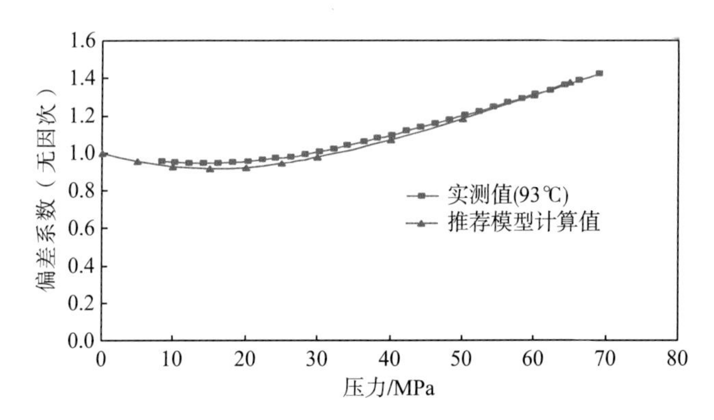

图 2-15 YB27 井在不同压力下偏差系数的实测值(93℃)与推荐模型计算值对比

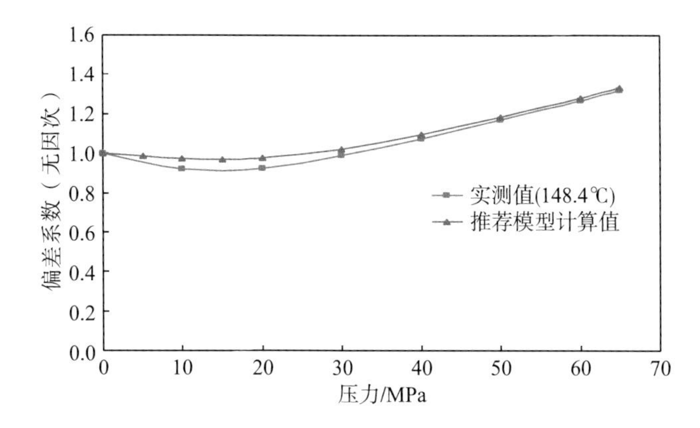

图2-16　YB1侧1井在不同压力下偏差系数的实测值(148.4℃)与推荐模型计算值对比

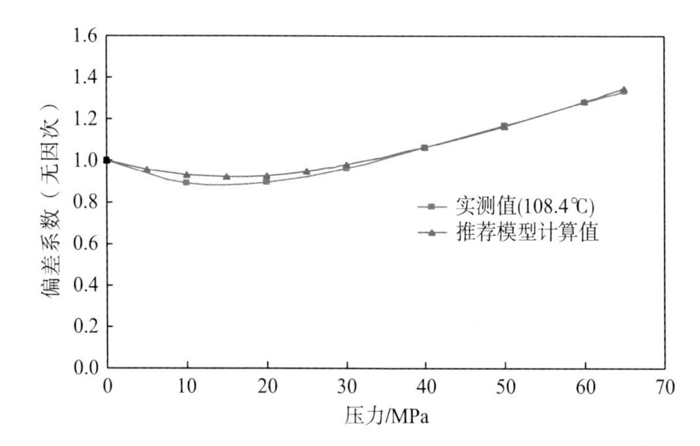

图2-17　YB1侧1井在不同压力下偏差系数的实测值(108.4℃)与推荐模型计算值对比

3.黏度计算模型优选

根据表2-6和表2-7，首先将两口井的气体摩尔组成归一化处理，然后用上述的黏度经验公式进行计算，最终得到了适用于计算YB长兴组高含硫气体黏度的模型组合：PR状态方程、LG-YJS校正、D-Standing校正，采用加权平均，权重分别为1、4、4。图2-18～图2-21分别为YB27井和YB1侧1井在不同温度、压力下黏度的实测值与推荐模型计算值的对比。

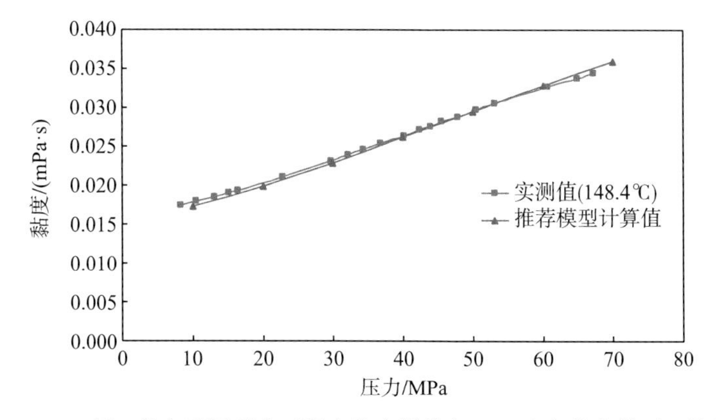

图2-18　YB1侧1井在不同压力下黏度的实测值(148.4℃)与推荐模型计算值对比

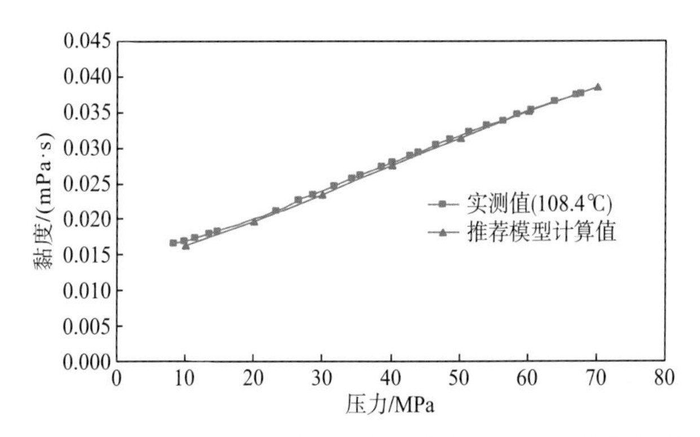

图 2-19 YB1 侧 1 井在不同压力下黏度的实测值(108.4℃)与推荐模型计算值对比

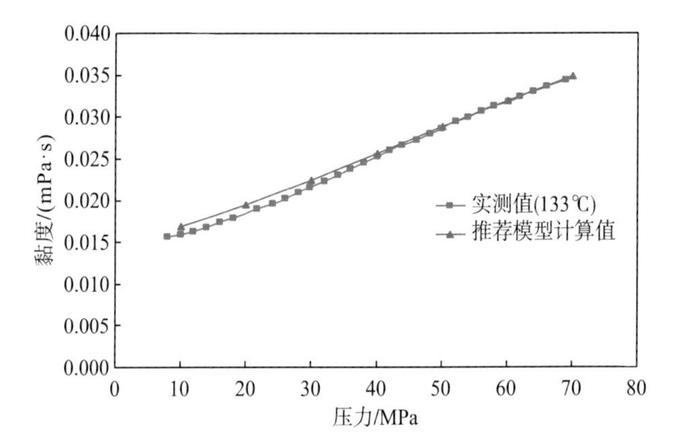

图 2-20 YB27 井在不同压力下黏度的实测值(133℃)与推荐模型计算值对比

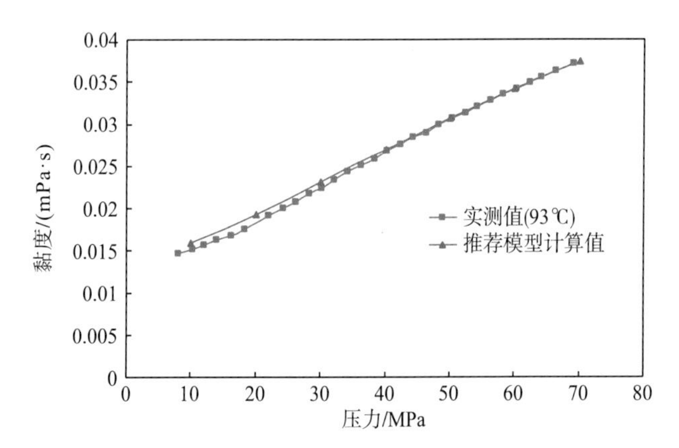

图 2-21 YB27 井在不同压力下黏度的实测值(93℃)与推荐模型计算值对比

2.5 高含硫含水气样天然气高压物性参数研究

2.5.1 实验方法

实验测试在大容量配样器中进行。首先根据某气田气样配制纯样品(不含水)实验气样，然后将注水器中的水蒸气注入到配样器中，设置温度、压力为地层条件，静置一段时间，充分饱和。再对配样器中的气体进行闪蒸分离，将分离出的气体再注入天然气水分测试仪，以测试气体中的剩余水含量，用气量计计量采出气量，计算公式如下：

$$y_{\mathrm{w}}=3.456\frac{T_{\mathrm{s}}V_{\mathrm{w}}}{p_{\mathrm{s}}\left(V_{\mathrm{s}}-V_{\mathrm{w}}\right)}+y_{\mathrm{w1}} \tag{2-57}$$

式中，y_{w}——气体中的饱和含水量，$\mathrm{m^3/10^4m^3}$；

p_{s}——常压，MPa；

T_{s}——室温，K；

V_{w}——液态水体积，ml；

V_{s}——常温常压下放出的气体体积，ml；

y_{w1}——二次分离气中的含水量。

2.5.2　实验装置

实验主要在加拿大 DBR 公司生产的 PVT 相态仪中进行，此套设备可用于开展对凝析气、天然气等地层流体的高压物性实验分析研究。为了利用该套设备开展高含硫气藏的相态特征研究，必须考虑 H_2S 对仪器设备、管线接头、阀门阀针、取样设备的腐蚀和损害，同时还必须解决人员和仪器的安全等问题，因此在原有的实验测试设备上进行了改造，防止酸性气体对实验装置的腐蚀及气体溢出。同时在实验测试方法基础上进行了改进，主要是增加了注水器，以便含水酸性气样配置，采用的实验流程见图 2-22。最高工作压力为 70MPa，测试精度为 0.01MPa，工作温度最大为 200℃，测试精度为 0.1℃，筒体有效体积为 135ml。

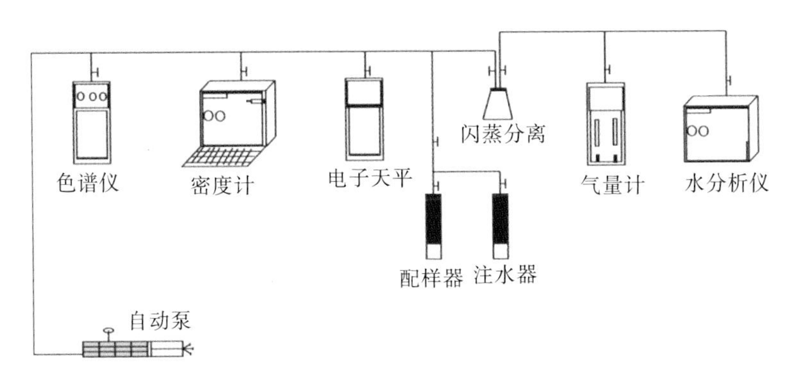

图 2-22　实验测试流程

2.5.3　实验步骤

本次研究进行两类测试对比实验。

不含水实验测试步骤如下：

(1) 样品室清洗和试压、试温检查。

(2) 按流程图 2-22 接好装置。

(3) 配制样品(无水酸性气样)，并将样品转至 PVT 筒。

(4) 样品稳定在实验条件 4h 以上。

(5) 分别测试其在不同温度、压力下的黏度、偏差系数。

(6) 剩余气体与 NaOH 中和后排入大气。

含水实验测试步骤如下：

(1) 样品室清洗和试压、试温检查。

(2) 按流程图 2-22 接好装置。

(3) 配制样品(无水酸性气样)，并将样品转至 PVT 筒，然后用所取纯净水与酸性气样充分混合达到平衡饱和状态。

(4) 样品稳定在实验条件 48h 以上。

(5) 分别测试其在不同温度、压力下的黏度、偏差系数。

(6) 样品器中的气体进行闪蒸分离，将分离出的气体再注入天然气水份测试仪，以测试气体中的剩余含水量。

(7) 剩余气体与 NaOH 中和后排入大气。

2.5.4 实验样品

实验所用的流体是 YB 酸性气田某井分离出的油气样品，然后在实验室内根据气油比配制地层酸性气样。配置的气样组分摩尔组成如表 2-8 所示。

表 2-8 实验样品成分

组分	CO_2	H_2S	C_1	C_2	C_3	iC_4	nC_4	iC_5	nC_5	C_6	C_{7+}
纯样品摩尔分数/%	5.00	5.00	90.00	—	—	—	—	—	—	—	—

2.5.5 实验结果分析

1.含水量分析

分别对饱和含水后的气样在温度为 55℃、105℃、155℃时进行不同压力条件下的含水量分析，分析结果如表 2-9、图 2-23 所示。

表 2-9 不同温度、压力下的含水量

压力/MPa	不同温度下的含水量/($kg\cdot m^{-3}$)		
	55℃	105℃	155℃
13.71	0.06863	0.07916	0.08991
18.71	0.05030	0.05803	0.06594
23.71	0.03971	0.04582	0.05207
28.71	0.03280	0.03785	0.04304
33.71	0.02795	0.03226	0.03669
38.71	0.02434	0.02810	0.03198
43.71	0.02157	0.02490	0.02834

续表

压力/MPa	不同温度下的含水量/(kg·m^{-3})		
	55℃	105℃	155℃
48.71	0.01936	0.02236	0.02545
53.71	0.01756	0.02029	0.02310
58.71	0.01607	0.01857	0.02115
63.71	0.01482	0.01712	0.01951
68.71	0.01374	0.01588	0.01810

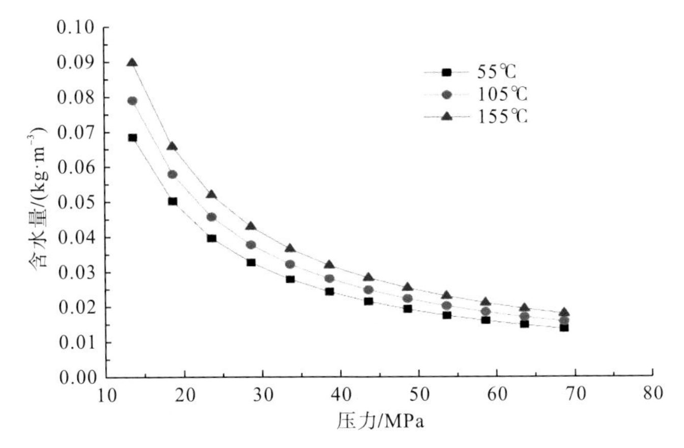

图2-23　三种不同温度下的酸性气体含水量随压力变化的曲线图

从图2-23可以看出：同一压力条件下，温度越高酸性气体中含水量越大；同一温度条件下，含水量随压力的增加而降低，含水量随压力的变化在低压条件下比高压条件下更明显。压力升高至55MPa后，温度对含水量的影响减小，表明该酸性气藏在高压条件下处于绝对含水饱和状态，形成的水合物也是处于绝对饱和状态。

2.P-T相图分析

本次研究分别对该实验前后——不含水组分和含水组分进行P-T相态模拟，模拟结果如图2-24所示。

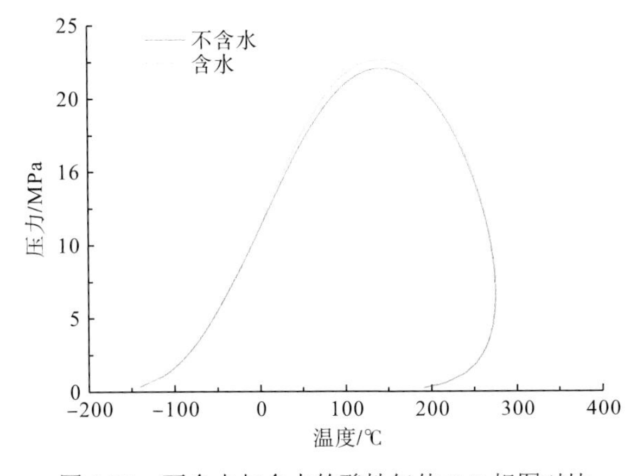

图2-24　不含水与含水的酸性气体P-T相图对比

从图 2-24 可以看出：温度在 10～200℃时，不含水组分与含水组分的相态有明显的变化，特别是温度在 130℃左右时，其组分含水对相态有明显的影响(含水与不含水时该酸性气体露点压力相差约 3MPa)，说明在此温度条件下酸性气体含水对气体的相态平衡有着明显的影响。随着该气藏的开发，气藏压力由原始地层压力(50.43MPa 左右)衰减到废弃压力(6MPa 左右)，气藏的压力不断下降，导致该气藏很有可能要经历由气态向液态变化。油气从地层流向井筒，再流经油管分离器到达地面，整个过程中压力变化很大，组分含水对其由气态变为液态的露点压力有很大的影响。组分中含水在一定温度、压力(温度、压力在包络线上)下会析出液滴，这对气体的采出有一定的影响，对地层的渗透率等也有一定的影响，同时含有酸性气体的液滴对油管等设施有很强的腐蚀性。

3.黏度分析

从表 2-10、图 2-25 中可以看出：该酸性气藏在地层温度 105℃条件下的黏度随着压力的增大而升高，不含水酸性气体的黏度与压力呈近似线性的关系，压力从 10MPa 升至 70MPa，气体黏度只增大了 0.015mPa·s；而含水酸性气体的黏度在低压区随压力的变化幅度较大(压力下降 20MPa，黏度剧降 0.013mPa·s)，说明随着压力的下降，含水酸性气体比常规酸性气体更易于流动；在高压区，黏度与压力呈近似线性的关系。在同温、同压下，含水酸性气体比不含水酸性气体的黏度明显要小，特别是在低压区，说明随着酸性气田的开采，含水气藏比不含水气藏流动性更好，更易于开采。

表 2-10　不同温度、压力下的黏度

压力/MPa	黏度/(mPa·s)					
	55℃、含水	55℃、不含水	105℃、含水	105℃、不含水	155℃、含水	155℃、不含水
13.71	0.0211	0.0102	0.0235	0.0127	0.0260	0.0151
18.71	0.0223	0.0149	0.0246	0.0172	0.0271	0.0193
23.71	0.0236	0.0185	0.0259	0.0206	0.0282	0.0225
28.71	0.0250	0.0215	0.0272	0.0234	0.0294	0.0251
33.71	0.0264	0.0239	0.0285	0.0257	0.0306	0.0273
38.71	0.0278	0.0260	0.0298	0.0277	0.0317	0.0292
43.71	0.0292	0.0279	0.0310	0.0295	0.0329	0.0308
48.71	0.0305	0.0294	0.0323	0.0309	0.0341	0.0324
53.71	0.0318	0.0308	0.0335	0.0322	0.0352	0.0337
58.71	0.0331	0.0321	0.0347	0.0335	0.0363	0.0349
63.71	0.0343	0.0334	0.0358	0.0347	0.0373	0.0360
68.71	0.0355	0.0346	0.0369	0.0359	0.0383	0.0371

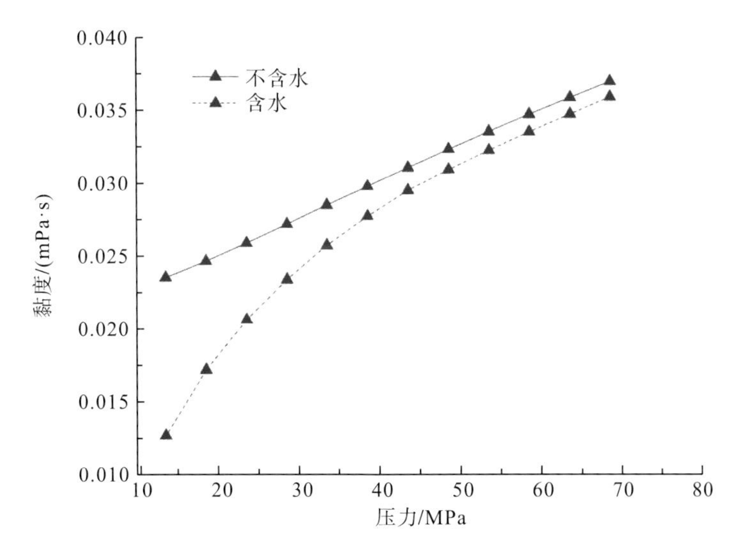

图 2-25　105℃条件下不含水与含水酸性气体黏度随压力变化的曲线

从图 2-26 中可以看出：不含水情况下的酸性气体黏度与压力呈线性关系，而含水情况下酸性气体的黏度与压力主要表现为指数关系(曲线左端陡峭，右端平缓)，说明在低压区，酸性气藏含水对其黏度有很大的影响。低温条件下的酸性气体黏度明显小于高温条件下的酸性气体黏度，表明低温条件下，该酸性气藏易于流动、开采，这与常规的流体理论(常规天然气气体黏度在低压条件下随温度升高而增大，压力变化对黏度影响较小；高压条件下天然气气体黏度随着温度的升高而降低，随着压力的增大而增大)相悖。引起上述变化的原因与酸性气体是否含水有关。低压条件下，随着压力的减小，酸性气体含水量急剧增大，生成的水合物减少，气体分子间的摩擦力增大，因而其黏度急剧增大；在高压区，酸性气体含水量趋于稳定，气体分子间的摩擦力也趋于稳定，所以其黏度变化不大。

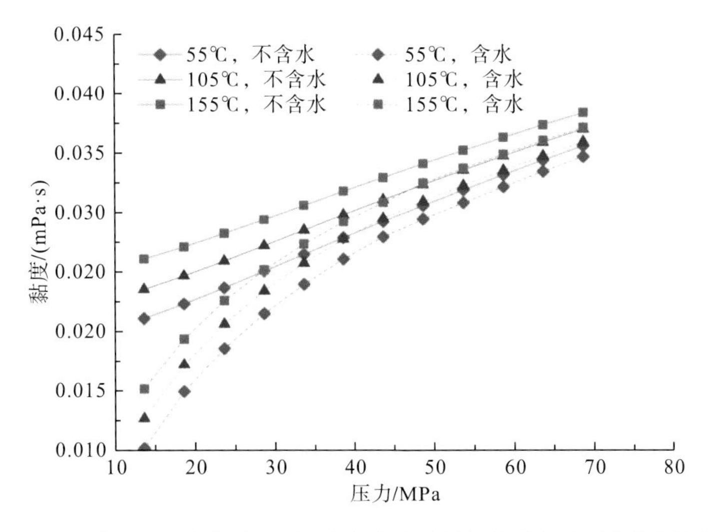

图 2-26　三种不同温度条件下不含水与含水酸性气体黏度随压力变化的曲线

4.偏差因子分析

从表 2-11、图 2-27 可得出：在 105℃条件下，酸性气体含水对其偏差因子的影响较小，影响其偏差因子的因素主要是压力。随着压力的增大，其偏差因子增大；在同温、同压下，含水酸性气体的偏差因子略高于不含水酸性气体的偏差因子。

表 2-11 不同温度、压力下的偏差因子

压力/MPa	偏差因子					
	55℃含水	55℃不含水	105℃含水	105℃不含水	155℃含水	155℃不含水
13.71	0.4941	0.5150	0.5804	0.6054	0.6456	0.6569
18.71	0.5971	0.6181	0.6769	0.7016	0.7397	0.7467
23.71	0.6897	0.7104	0.7611	0.7851	0.8206	0.8233
28.71	0.7749	0.7949	0.8366	0.8596	0.8923	0.8909
33.71	0.8544	0.8734	0.9058	0.9277	0.9572	0.9519
38.71	0.9295	0.9473	0.9699	0.9906	1.0170	1.0077
43.71	1.0008	1.0174	1.0300	1.0493	1.0725	1.0595
48.71	1.0710	1.0874	1.0900	1.1078	1.1274	1.1109
53.71	1.1322	1.1466	1.1385	1.1545	1.1713	1.1512
58.71	1.1944	1.2073	1.1887	1.2031	1.2167	1.1930
63.71	1.2572	1.2688	1.2400	1.2531	1.2632	1.2362
68.71	1.3203	1.3308	1.2921	1.3041	1.3107	1.2802

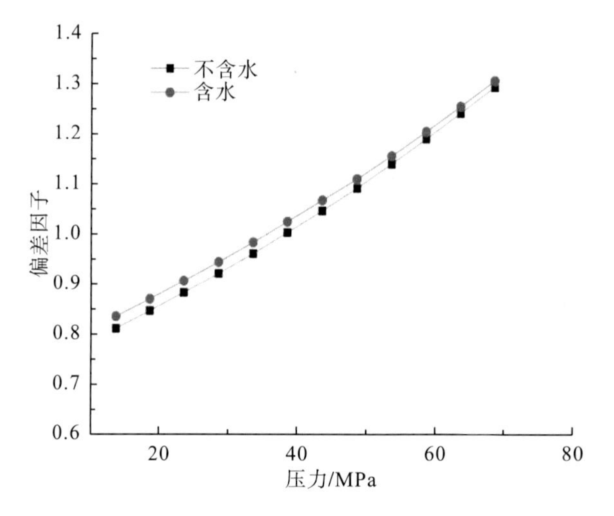

图 2-27 105℃条件下不含水与含水酸性气体偏差因子随压力变化的曲线

从图 2-28 可得出：在低压状态下，温度对该酸性气体的偏差因子有较大的影响，即酸性气体温度越高，其偏差因子越大；而在高压状态下，温度对酸性气体偏差因子的影响较小。155℃时，低压状态下的含水酸性气体偏差因子与不含水酸性气体偏差因子的曲线基本重合，而高压状态下两者逐渐分离，含水酸性气体偏差因子略低于不含水的偏差因子。

55℃时，低压状态下的含水酸性气体偏差因子略高于不含水酸性气体偏差因子，而在高压状态下则相反。整体而言，在低压条件下，酸性气体含水对其偏差因子有明显的影响，但在高压条件下，这种影响明显减弱。引起上述变化的原因还是与酸性气体是否含水有关。在低压条件下的含水量高于高压条件下的含水量，含水量随压力的升高急剧下降，生成的水合物含量发生变化，对气体的偏差因子有一定的影响。

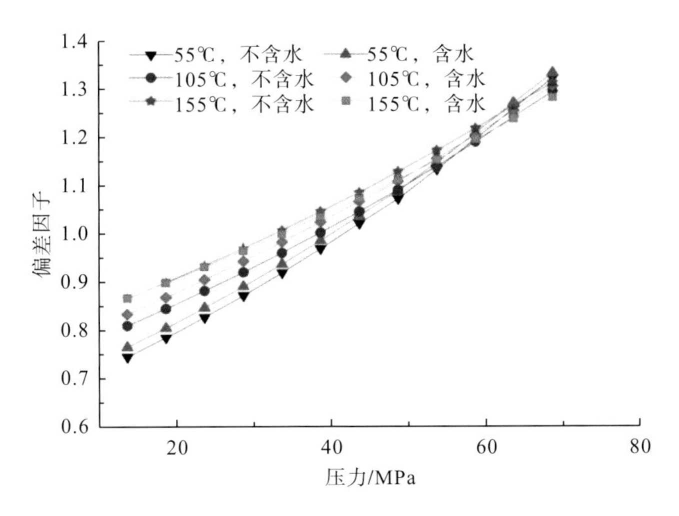

图 2-28　三种不同温度条件下不含水与含水酸性气体偏差因子随压力变化的曲线

2.5.6　含水酸性气体黏度预测模型

1.非酸性气体含水量计算

Sloan 等(1976)对大量天然气样品进行了实验分析，在 233.15～323.15K、1.4～13.8MPa 条件下，测定了天然气含水量，利用测定的数据得到了如下的经验公式：

$$W_{H_2O,sweet}=16.02\times\exp\left[C_1+C_2\ln p+\frac{C_3+C_4\ln p}{T}+\frac{C_5}{T^2}+C_6(\ln p)^2\right] \tag{2-58}$$

其中，C_1=21.59610805；C_2=−1.280044975；C_3=−4808.426205；C_4=113.0735222；C_5=−40377.6358；C_6=3.8508508×10^{-2}。

式中，$W_{H_2O,sweet}$——低含硫天然气中水的含量，mg/Sm^3；

p——压力，MPa；

T——温度，K。

Khaled(2007)对 McKetta-Wehe 图、Campbell 图和 Katz 图进行了分析，提出了适用于 310.93～444.26K、1.38～68.95MPa 条件下的含水量计算经验公式：

$$W_{H_2O,sweet}=16.02\left(\frac{\sum_{i=1}^{5}a_i\times T^{i-1}}{p}+\sum_{i=1}^{5}b_i\times T^{i-1}\right) \tag{2-59}$$

其中，a_1=706652.14；a_2=8915.814；a_3=42.607133；a_4=−0.0915312；a_5=7.46945×10^{-5}；b_1=2893.11193；b_2=−41.86941；b_3=0.229899；b_4=−5.58959×10^{-4}；b_5=5.36847×10^{-7}。

2.含水酸性气体含水量计算

Khaled 于 2007 年对 Robinson 模型的组分进行了修正，得出了以下的经验公式：

$$W_{H_2O,sour} = F \times W_{H_2O,sweet} \tag{2-60}$$

其中，$F = f(y_{H_2S}^{equi}, T, p)$。相平衡计算中的通用气体常数满足下式：

$$y_{H_2S}^{equi} = y_{H_2S} + 0.75 y_{CO_2} \tag{2-61}$$

$$\sqrt{R_{equi}} = 1 / \left[a_0 + \sqrt{T} \left(a_1 + \frac{a_2}{\sqrt{y_{H_2S}^{equi}}} \right) \right] \tag{2-62}$$

式中，y_{CO_2}——气体中 CO_2 的摩尔分数，小数；

y_{H_2S}——气体中 H_2S 的摩尔分数，小数；

$y_{H_2S}^{equi}$——相平衡计算中 H_2S 的摩尔分数，小数；

R_{equi}——相平衡计算中的通用气体常数，小数。

当 $p \leqslant 10.34$MPa 时，$F = f(y_{H_2S}^{equi}, T, p)$ 的函数表达式为

$$F = \ln\left(\frac{1}{b_0 + R_{equi}(b_1 + b_2 p)} \right) \tag{2-63}$$

当 10.34MPa< $p \leqslant$ 20.68MPa 时，$F = f(y_{H_2S}^{equi}, T, p)$ 的函数表达式为

$$F = \exp\left[b_0 + R_{equi}(b_1 + b_2 \sqrt{p}) \right] \tag{2-64}$$

当 $p >$ 20.68MPa 时，$F = f(y_{H_2S}^{equi}, T, p)$ 的函数表达式为

$$F = \left[b_0 + R_{equi} \left(b_1 + \frac{b_2}{\sqrt{p}} \right) \right]^2 \tag{2-65}$$

以上各式中，$a_0 = -4.095 \times 10^{-2}$，$a_1 = -1.82865639 \times 10^{-3}$，$a_2 = 1.93733 \times 10^{-1}$。当 $p \leqslant$ 10.34MPa 时，$b_0 = 3.59 \times 10^{-1}$，$b_1 = 7.46 \times 10^{-4}$，$b_2 = -4.7282 \times 10^{-4}$；当 10.34MPa< $p \leqslant$ 20.68MPa 时，$b_0 = 5.16 \times 10^{-2}$，$b_1 = -2.84 \times 10^{-2}$，$b_2 = 1.25249 \times 10^{-2}$；当 $p >$ 20.68MPa 时，$b_0 = 1.04$，$b_1 = 5.48 \times 10^{-2}$，$b_2 = -23.6857$。

根据 $p_{sc} V_{sc} / T_{sc} = pV / T$ 与 $V_{sc} W_{H_2O,sour} = V W_{H_2O,sour}^*$，得

$$W_{H_2O,sour}^* = \frac{p T_{sc}}{p_{sc} T} W_{H_2O,sour} \tag{2-66}$$

式中，$W_{H_2O,sour}^*$、$W_{H_2O,sour}$——分别为非标况 (p，T) 和标况 ($p_{sc} = 0.1010$MPa，$T_{sc} = 288.6$K) 下的酸性气体水蒸气含量，$kg \cdot kmol^{-1}$。

3.未考虑含水的酸性气体黏度模型

基于 PR 状态方程的黏度模型：

$$T = \frac{r'_m p}{\mu_m - b'_m} - \frac{a_m}{\mu_m(\mu_m + b_m) + b_m(\mu_m - b_m)} \tag{2-67}$$

式中，μ_m——混合气体黏度，$10^{-7} Pa \cdot s$；

p——压力，0.1MPa；

T——温度，K；

a_m、b_m和b'_m——对应状态方程中的引力系数和斥力系数；

r'_m——临界性质的关联参数。

对含 μ 的多项式用解析法求解时，在对应的温度和压力下，酸性气体黏度为大于 b' 的最小实根。

采用以下混合规则：

$$a_m = \sum_i (x_i a_i) \tag{2-68}$$

$$b_m = \sum_i (x_i b_i) \tag{2-69}$$

$$b'_m = \sum_i \sum_j \left[x_i x_j \sqrt{b'_i b'_j} (1 - k_{ij}) \right] \tag{2-70}$$

$$r'_m = \sum_i (x_i r') \tag{2-71}$$

混合物中各纯组分的斥力系数和引力系数为

$$\begin{cases} r_c = \dfrac{\mu_c T_c}{p_c Z_c} \\ \mu_c = 7.7 T_c^{-1/6} M_w^{0.5} p_c^{2/3} \\ r' = r_c \tau(T_r, p_r) \\ b' = b\varphi(T_r, p_r) \end{cases} \tag{2-72}$$

纯组分系数 a、b 可由临界性质计算：

$$\begin{cases} a = 0.45724 \dfrac{r_c^2 p_c^2}{T_c} \\ b = 0.0778 \dfrac{r_c p_c}{T_c} \end{cases} \tag{2-73}$$

而：

$$\tau(T_r, p_r) = [1 + Q_1(\sqrt{T_r p_r} - 1)]^{-2} \tag{2-74}$$

$$\varphi(T_r, p_r) = \exp[Q_2(\sqrt{T_r} - 1)] + Q_3(\sqrt{p_r} - 1)^2 \tag{2-75}$$

式(2-74)和式(2-75)中的参数 $Q_1 \sim Q_3$ 已普遍化为偏心因子(ω)的关联式。

对于 $\omega < 0.3$，有

$$\begin{cases} Q_1 = 0.829599 + 0.350857\omega - 0.74768\omega^2 \\ Q_2 = 1.94546 - 3.19777\omega + 2.80193\omega^2 \\ Q_3 = 0.299757 + 2.20855\omega - 6.64959\omega^2 \end{cases} \tag{2-76}$$

对于 $\omega \geqslant 0.3$，有

$$\begin{cases} Q_1 = 0.956763 + 0.192829\omega - 0.303189\omega^2 \\ Q_2 = -0.258789 - 37.1071\omega + 20.551\omega^2 \\ Q_3 = 5.16307 - 12.8207\omega + 11.0109\omega^2 \end{cases} \tag{2-77}$$

4.考虑含水的酸性模型

在含水酸性气体含水量计算模型的基础上，建立考虑含水的酸性气体组分校正模型。由物质的量与组分之间的关系式得

$$y_w = (W^*_{H_2O,sour} / M_w) / n_g^* \tag{2-78}$$

$$n_g = 1 / V_{sc} \tag{2-79}$$

$$n_g^* = 1 / V \tag{2-80}$$

由 $p_{sc}V_{sc} / T_{sc} = pV / T$ 得

$$n_g^* = n_g \frac{pT_{sc}}{p_{sc}T} = \frac{pT_{sc}}{p_{sc}TV_{sc}} \tag{2-81}$$

修正气体中各组分的摩尔分数：

$$(y_i)_c = (1 - y_w)(y_i)_{lab} \tag{2-82}$$

式中，n_g^*、n_g ——分别为非标况（p,T）和标况（$p_{sc} = 0.1010\,MPa, T_{sc} = 288.6\,K$）下的酸性气体的摩尔浓度，$kmol \cdot m^{-3}$；

$(y_i)_c$、$(y_i)_{lab}$ ——分别为修正后和实验室条件下测定的气体各组分的摩尔分数，%；

y_w ——酸性气体中水的摩尔分数，%；

M_w ——纯水的摩尔质量，$kg \cdot mol^{-1}$。

对校正后的含水酸性气体组分模型，耦合未考虑含水的酸性模型，即可得到考虑含水的酸性模型。

5.模型验证

1)实验样品

实验所用的流体组分2是取自某酸性气田分离器的油气样品，然后在实验室内根据气油比配制地层酸性气样，其余两组组分是根据实验要求所配置的样品，其组分的摩尔组成如表2-12所示。组分1、组分2、组分3中酸性气体摩尔分数分别为0.02%、10.00%、25.00%。对三组气样进行PVT实验，测试其黏度。实验所使用的地层水是根据该气田实际地层水配置的实验水样，见表2-13。

表2-12 实验样品成分

对比项	纯样品摩尔分数/%		
	组分1	组分2	组分3
H_2S	0.01	5.00	20
N_2	0.00	0.00	0.00
He	0.00	0.00	0.00
CO_2	0.01	5.00	5.00
C_1	99.98	90.00	75.00

表 2-13　水样成分表

地层水离子含量/(mg·L⁻¹)						总矿化度/(mg·L⁻¹)	水型	pH	地层水密度/(g·cm⁻³)
阳离子			阴离子						
Na^++K^+	Ca^{2+}	Mg^{2+}	Cl^-	SO_4^{2-}	HCO_3^-	62149	$CaCl_2$	7.58	1.078
18508	3892	963	37421	41	1324				

2)组分模型实验结果分析

通过酸性气体含水预测校正模型计算，含水量预测值与实际测量值见表 2-14。

表 2-14　各组分含水量大小

压力/MPa	组分 1		组分 2		组分 3	
	计算值	实测值	计算值	实测值	计算值	实测值
13.71	0.0899	0.0986	0.1037	0.1125	0.1177	0.1265
18.71	0.0659	0.0699	0.0760	0.0800	0.0864	0.0904
23.71	0.0527	0.0557	0.0534	0.0564	0.0693	0.0723
28.71	0.0436	0.0456	0.0447	0.0467	0.0574	0.0594
33.71	0.0372	0.0382	0.0385	0.0395	0.0489	0.0499
38.71	0.0324	0.0331	0.0338	0.0345	0.0427	0.0434
43.71	0.0287	0.0296	0.0302	0.0311	0.0378	0.0387
48.71	0.0258	0.0266	0.0272	0.0280	0.0340	0.0348
53.71	0.0234	0.0236	0.0248	0.0250	0.0309	0.0311
58.71	0.0214	0.0216	0.0228	0.0230	0.0283	0.0285
63.71	0.0198	0.0207	0.0211	0.0220	0.0261	0.0270
68.71	0.0183	0.0187	0.0197	0.0201	0.0242	0.0246

通过酸性气体含水模型，在 105℃时(该气藏地层温度)，计算不同压力下的气体组分中含水蒸气的摩尔分数，见图 2-29。

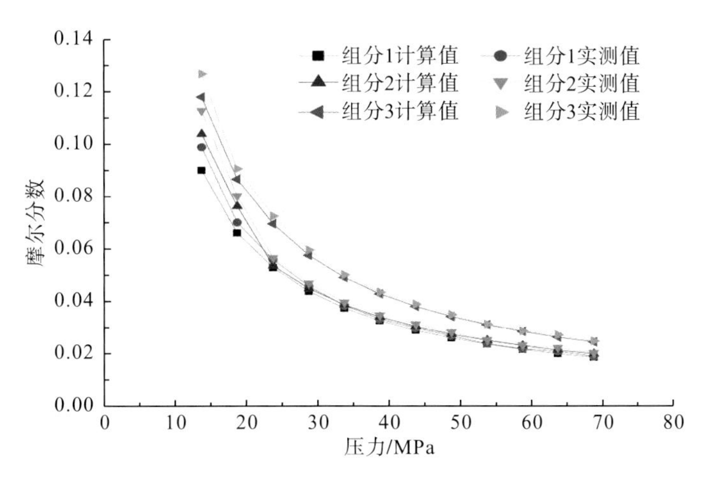

图 2-29　水蒸气组分摩尔分数随压力变化关系图

由表 2-14 和图 2-29 可看出：模型计算的含水量与实验测试的结果基本相同。这说明该模型能准确预测酸性气体含水量，较为精确地获取酸性气体中的含水量，对组分校正模型有重要意义。以组分 2 为例，酸性气体的水蒸气组分的摩尔分数随着压力的升高而减小；在低压区(＜40MPa)，随着压力的下降，酸性气体的水蒸气组分的摩尔分数急剧增大；在高压区(＞40MPa)，酸性气体的水蒸气组分的摩尔分数随压力变化的幅度相对较小。这说明低压区气体含水量随压力变化的幅度明显高于高压区气体含水量随压力变化的幅度。对比 3 组组分样品中含水量随压力变化的曲线，可知天然气样品中所含酸性气体越高，其含水量越大，这与酸性气体和水分子之间的氢键结合能力有关。

3) 黏度模型结果分析

4 种酸性气体黏度模型考虑含水与不考虑含水的计算值见表 2-15～表 2-20，同实验测试值的对比见图 2-30～图 2-38。根据图表可知：考虑含水的酸性气体黏度模型计算的黏度曲线呈指数型，而不考虑含水的酸性气体黏度模型计算的黏度曲线呈线型。以组分 2 为例，对每个模型独立分析：采用 PR 模型计算出的不含水的酸性气体黏度大于采用含水的酸性气体黏度，两条曲线在高压区的增长趋势基本相同，但在低压区，含水时计算出的气体黏度变化幅度更大(图 2-35)。LG 模型、Dempsey 模型、LBC 模型考虑含水和不含水计算出的酸性气体黏度曲线在 40MPa 附近有交叉，在低压区，不考虑含水计算出的酸性气体黏度值大于考虑含水计算出的酸性气体黏度值，而在高压区，不考虑含水计算出的酸性气体黏度值小于考虑含水计算出的酸性气体黏度值(图 2-33、图 2-34)。

表 2-15 组分 1 不含水时在不同压力下的黏度值

压力/MPa	黏度/(mPa·s)				
	PR	LG	Dempsey	LBC	实验值
13.71	0.0220	0.0157	0.0142	0.0078	0.0121
18.71	0.0231	0.0177	0.0158	0.0100	0.0167
23.71	0.0243	0.0201	0.0174	0.0124	0.0203
28.71	0.0257	0.0225	0.0191	0.0150	0.0228
33.71	0.0270	0.0250	0.0209	0.0176	0.0252
38.71	0.0282	0.0275	0.0226	0.0201	0.0273
43.71	0.0295	0.0298	0.0244	0.0225	0.0289
48.71	0.0308	0.0321	0.0262	0.0248	0.0304
53.71	0.0320	0.0343	0.0280	0.0270	0.0317
58.71	0.0332	0.0364	0.0298	0.0292	0.0329
63.71	0.0344	0.0384	0.0315	0.0315	0.0342
68.71	0.0355	0.0418	0.0331	0.0340	0.0354

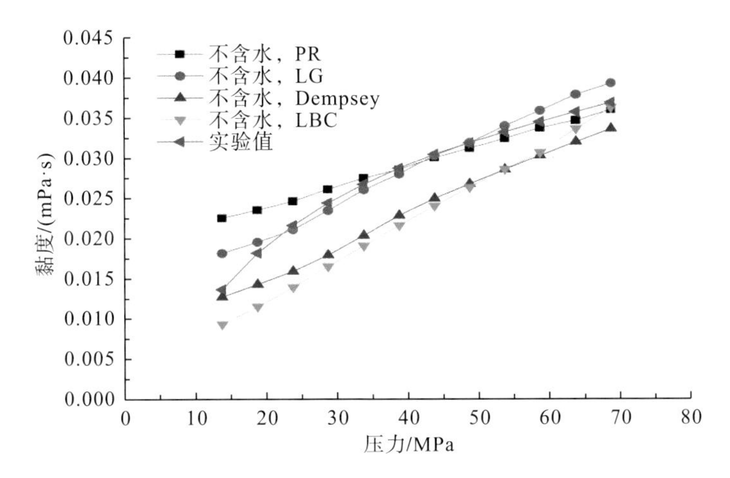

图 2-30　组分 1 不考虑含水时不同黏度模型与实验测试的气体黏度随压力变化的曲线

表 2-16　组分 1 含水时在不同压力下的黏度值

压力/MPa	黏度/(mPa·s)				
	PR	LG	Dempsey	LBC	实验值
13.71	0.0130	0.0054	0.0036	0.0020	0.0121
18.71	0.0174	0.0123	0.0095	0.0059	0.0167
23.71	0.0209	0.0172	0.0144	0.0107	0.0203
28.71	0.0232	0.0219	0.0183	0.0146	0.0228
33.71	0.0256	0.0252	0.0214	0.0187	0.0252
38.71	0.0277	0.0283	0.0241	0.0222	0.0273
43.71	0.0290	0.0312	0.0271	0.0255	0.0289
48.71	0.0304	0.0343	0.0290	0.0281	0.0304
53.71	0.0317	0.0363	0.0305	0.0305	0.0317
58.71	0.0330	0.0388	0.0323	0.0328	0.0329
63.71	0.0342	0.0412	0.0343	0.0350	0.0342
68.71	0.0354	0.0430	0.0369	0.0371	0.0354

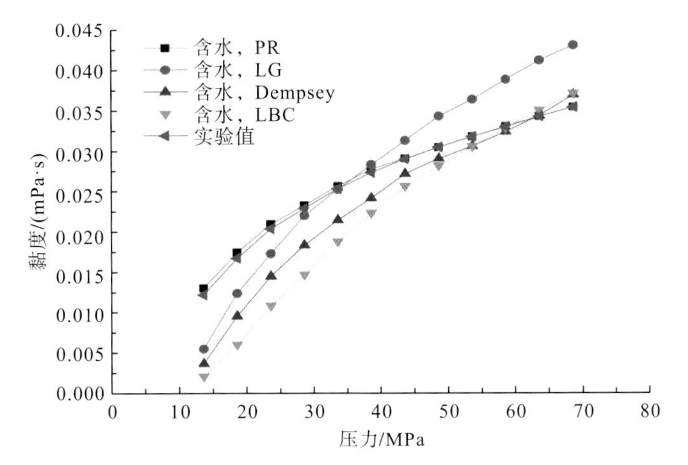

图 2-31　组分 1 考虑含水时不同黏度模型与实验测试的气体黏度随压力变化的曲线

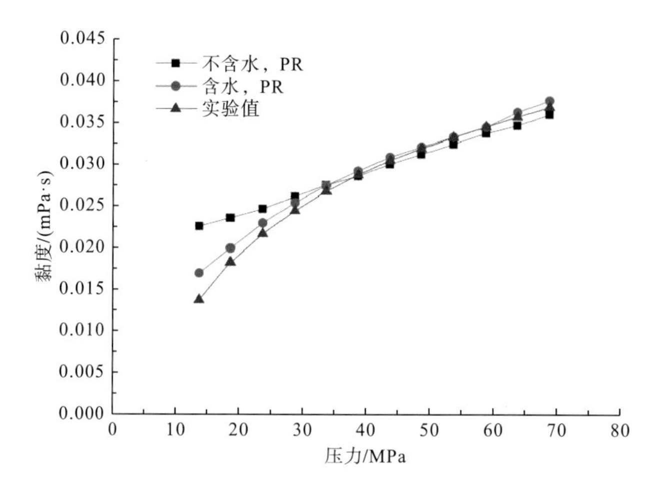

图 2-32 组分 1 根据 PR 模型计算的气体黏度与实验测试的气体黏度随压力变化的曲线

表 2-17 组分 2 不含水时在不同压力下的黏度值

压力/MPa	黏度/(mPa·s)				
	PR	LG	Dempsey	LBC	实验值
13.71	0.0235	0.0172	0.0157	0.0093	0.0127
18.71	0.0246	0.0192	0.0173	0.0115	0.0171
23.71	0.0258	0.0216	0.0189	0.0139	0.0204
28.71	0.0272	0.0240	0.0206	0.0165	0.0234
33.71	0.0285	0.0265	0.0224	0.0191	0.0257
38.71	0.0297	0.0290	0.0241	0.0216	0.0277
43.71	0.0310	0.0313	0.0259	0.0240	0.0295
48.71	0.0323	0.0336	0.0277	0.0263	0.0309
53.71	0.0335	0.0358	0.0295	0.0285	0.0322
58.71	0.0347	0.0379	0.0313	0.0307	0.0335
63.71	0.0359	0.0399	0.0330	0.0340	0.0347
68.71	0.0370	0.0418	0.0346	0.0370	0.0359

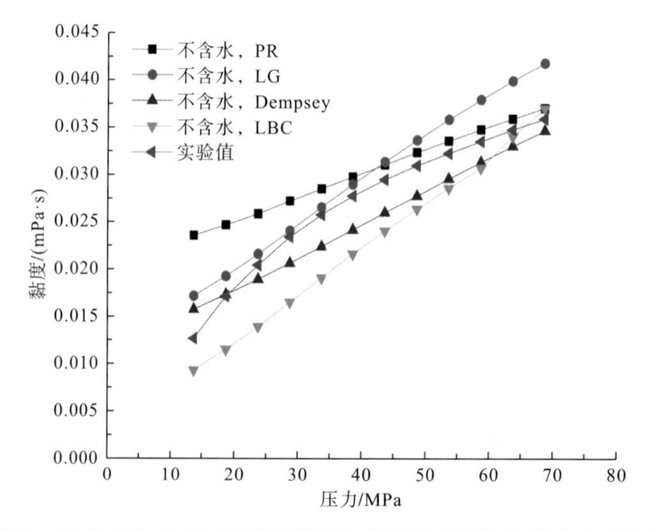

图 2-33 组分 2 不考虑含水时不同黏度模型与实验测试的气体黏度随压力变化的曲线

表 2-18　组分 2 含水时在不同压力下的黏度值

压力/MPa	黏度/(mPa·s)				
	PR	LG	Dempsey	LBC	实验值
13.71	0.0149	0.0035	0.0036	0.0029	0.0127
18.71	0.0189	0.0114	0.0098	0.0076	0.0171
23.71	0.0219	0.0173	0.0145	0.0122	0.0204
28.71	0.0244	0.0222	0.0183	0.0159	0.0234
33.71	0.0264	0.0262	0.0215	0.0196	0.0257
38.71	0.0282	0.0297	0.0243	0.0231	0.0277
43.71	0.0299	0.0328	0.0271	0.0255	0.0295
48.71	0.0311	0.0353	0.0290	0.0279	0.0309
53.71	0.0323	0.0377	0.0308	0.0296	0.0322
58.71	0.0335	0.0400	0.0327	0.0317	0.0335
63.71	0.0346	0.0422	0.0344	0.0333	0.0347
68.71	0.0357	0.0442	0.0361	0.0350	0.0359

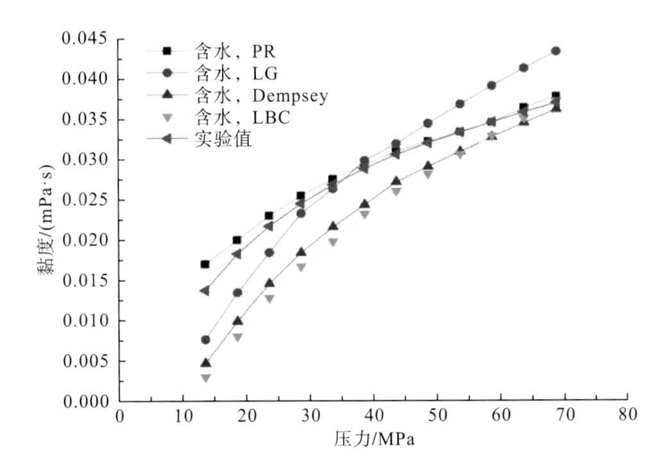

图 2-34　组分 2 考虑含水时不同黏度模型与实验测试的气体黏度随压力变化的曲线

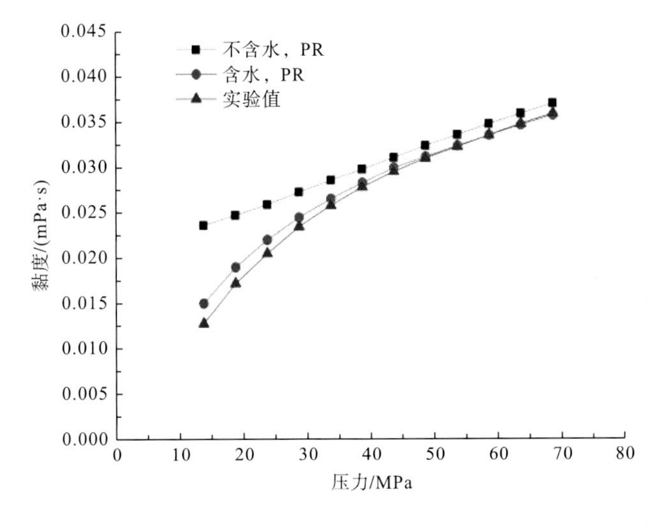

图 2-35　组分 2 根据 PR 模型计算的气体黏度与实验测试的气体黏度随压力变化的曲线

表 2-19 组分 3 不含水时在不同压力下的黏度值

压力/MPa	黏度/(mPa·s)				
	PR	LG	Dempsey	LBC	实验值
13.71	0.0225	0.0182	0.0127	0.0093	0.0137
18.71	0.0235	0.0195	0.0143	0.0115	0.0182
23.71	0.0246	0.0211	0.0159	0.0139	0.0216
28.71	0.0261	0.0234	0.0179	0.0165	0.0244
33.71	0.0275	0.0260	0.0204	0.0191	0.0267
38.71	0.0285	0.0280	0.0228	0.0216	0.0287
43.71	0.0300	0.0303	0.0249	0.0240	0.0305
48.71	0.0312	0.0319	0.0267	0.0263	0.0319
53.71	0.0324	0.0340	0.0285	0.0285	0.0332
58.71	0.0337	0.0359	0.0303	0.0307	0.0345
63.71	0.0347	0.0379	0.0320	0.0336	0.0357
68.71	0.0360	0.0393	0.0336	0.0363	0.0369

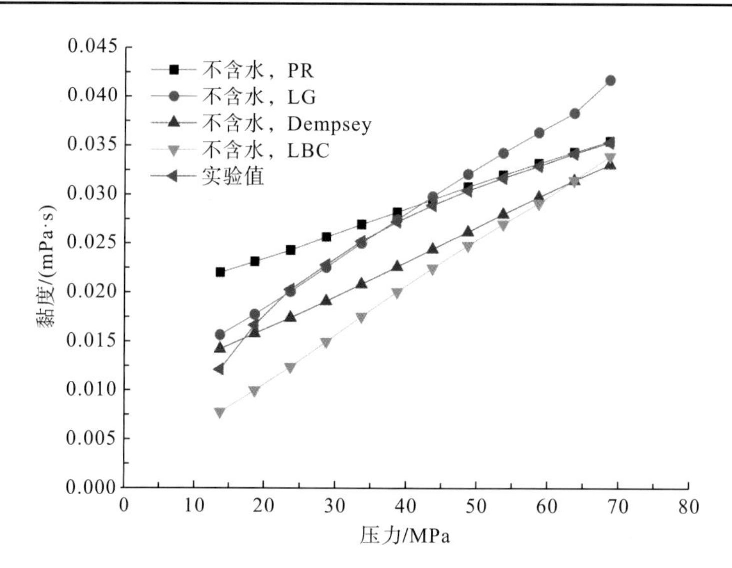

图 2-36 组分 3 不考虑含水时不同黏度模型与实验测试的气体黏度随压力变化的曲线

表 2-20 组分 3 含水时在不同压力下的黏度值

压力/MPa	黏度/(mPa·s)				
	PR	LG	Dempsey	LBC	实验值
13.71	0.0169	0.0075	0.0046	0.0029	0.0137
18.71	0.0199	0.0134	0.0098	0.0079	0.0182
23.71	0.0229	0.0183	0.0145	0.0127	0.0216
28.71	0.0254	0.0232	0.0183	0.0166	0.0244
33.71	0.0274	0.0262	0.0215	0.0197	0.0267
38.71	0.0292	0.0297	0.0243	0.0231	0.0287
43.71	0.0309	0.0318	0.0271	0.0259	0.0305

续表

压力/MPa	黏度/(mPa·s)				
	PR	LG	Dempsey	LBC	实验值
48.71	0.0321	0.0343	0.0290	0.0281	0.0319
53.71	0.0333	0.0367	0.0308	0.0305	0.0332
58.71	0.0345	0.0390	0.0327	0.0328	0.0345
63.71	0.0363	0.0412	0.0344	0.0350	0.0357
68.71	0.0377	0.0432	0.0361	0.0371	0.0369

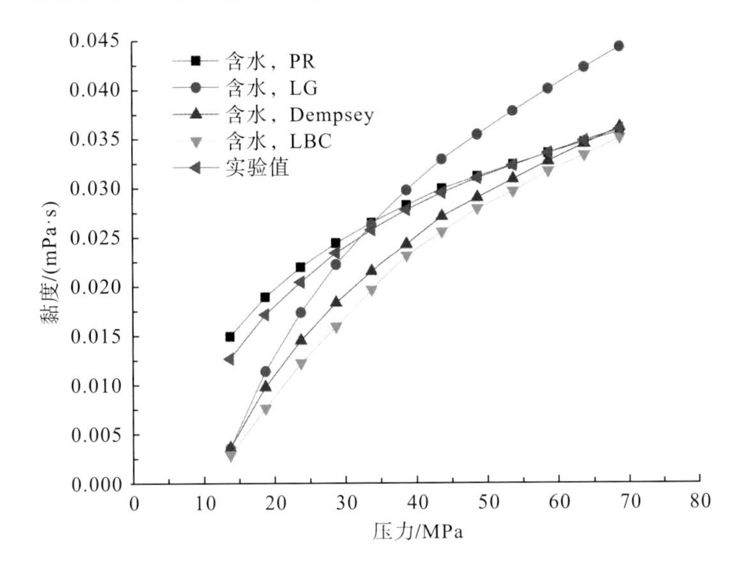

图 2-37　组分 3 考虑含水时不同黏度模型与实验测试的气体黏度随压力变化的曲线

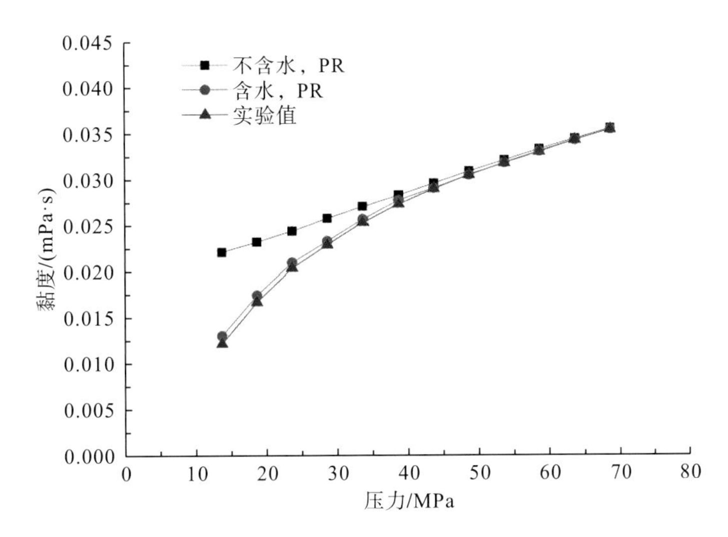

图 2-38　组分 3 根据 PR 模型计算的气体黏度与实验测试的气体黏度随压力变化的曲线

由图 2-30～图 2-38 可以看出：4 种酸性气体黏度模型考虑含水计算的黏度曲线和实验测试的气体黏度曲线变化趋势基本相同，说明在酸性气体黏度模型中应该考虑含水对其黏度的影响，应对前人提出的酸性气体黏度模型进行含水的修正。采用的 4 种模型中，考虑含水的 PR 黏度模型计算值与实验值基本保持一致，而未考虑含水的 PR 黏度模型的气体黏度曲线明显偏离实验测试的酸性气体黏度曲线，这进一步证实了在计算酸性气体黏度时，应考虑气体含水的影响。由表 2-21 及图 2-32、图 2-35、图 2-38 中的含水 PR 模型曲线可知，天然气中所含酸性气体含量越高，即模型预测值与实验值越接近，即模型越准确。

表 2-21　3 组组分黏度计算结果

压力/MPa	相对误差值/%		
	组分 1	组分 2	组分 3
13.71	23.79	17.87	7.01
18.71	9.47	10.34	4.26
23.71	6.11	7.45	2.91
28.71	4.06	4.28	1.62
33.71	2.70	2.80	1.31
38.71	1.71	1.69	1.54
43.71	1.35	1.46	0.21
48.71	0.60	0.52	−0.07
53.71	0.21	0.25	0.03
58.71	−0.09	−0.03	0.15
63.71	1.60	−0.43	−0.03
68.71	2.14	−0.53	0.08
AAD/%	4.47	3.81	1.59

注：相对误差值=(计算值−实验值)/实验值；AAD=相对误差值/点数。

2.6　高含硫混合物气液和气、液、固相平衡热力学

2.6.1　高含硫混合物气、液相平衡

当温度较高时，元素硫和高含硫混合物只能以气液两相共存。在达到相平衡时，高含硫混合物各组分必定同时满足物质平衡方程组和热力学平衡方程组。

物质平衡参数如下：

p、T——压力、温度；

F_i——气、液相平衡(逸度相等)时，其逸度满足的热力学平衡条件目标函数(i=1，…，n，为组分数)；

F_{n+1}——气、液相组分归一化平衡条件目标函数[$\sum(y_i-x_i)=0$]；

y_i、x_i——气、液相中 i 组分的摩尔分数；

z_i——体系总组成中 i 组分的摩尔分数；

k_i——平衡常数($k_i=y_i/x_i$)；

n_g、n_l——气、液相的摩尔分数；

Z_g、Z_l——平衡气、液相偏差因子(可由状态方程计算)。

1.相平衡时的物质平衡方程

设高含硫混合物(包含元素硫)由 n 个组分构成，取 1mol 的量作为分析单元，则高含硫混合物中各组分达到气、液相平衡时应满足下列特征：

(1) 平衡气、液相的摩尔分数 n_g 和 n_l 分别在 0～1 变化，且满足 $n_g+n_l=1$；

(2) 平衡气、液相的组成(y_1，y_2，…，y_i，…，y_n 及 x_1，x_2，…，x_i，…，x_n)应分别满足组成归一化条件：$\sum y_i=1$，$\sum x_i=1$，$\sum(y_i-x_i)=0$；

(3) 平衡气、液相各组分的摩尔分数应满足物质平衡条件：

$$y_i n_g + x_i n_l = z_i \tag{2-83}$$

(4) 任一组分在平衡气、液相中的分配比例可用平衡常数来描述，即 $k_i=y_i/x_i$。

以上特性经数学处理，即可得到由平衡气、液相组成方程和物料守恒方程所构成的物料平衡方程组。

平衡组成分配比：

$$k_i = \frac{y_i}{x_i} \tag{2-84}$$

平衡气、液相质量守恒方程：

$$y_i n_g + x_i n_l = z_i \tag{2-85}$$

气相组成方程：

$$y_i = \frac{z_i k_i}{1+(k_i-1)n_g} \tag{2-86}$$

气相物质平衡方程组：

$$\sum y_i = \sum \frac{z_i k_i}{1+(k_i-1)n_g} = 1 \tag{2-87}$$

液相组成方程：

$$x_i = \frac{z_i}{1+(k_i-1)n_g} \tag{2-88}$$

液相物质平衡方程组：

$$\sum x_i = \sum \frac{z_i}{1+(k_i-1)n_g} = 1 \tag{2-89}$$

气、液两相总物质平衡方程组：

$$\sum (y_i - x_i) = \sum \frac{z_i(k_i-1)}{1+(k_i-1)n_g} = 0 \tag{2-90}$$

这里式(2-87)、式(2-89)和式(2-90)所表示的相平衡条件的热力学含义是等价的，当作为求解相平衡问题的目标函数时三式都是温度、压力、组成和气相摩尔分数的函数，并具有高度的非线性方程特征，需要用试差法循环迭代求解。

2.相平衡时的热力学平衡方程组

仅建立相态计算所需的物质平衡方程组，尚不能完全实现相平衡计算，分析物质平衡方程中变量间的关系可知，计算的关键在于能否确定气、液两相达到相平衡时各组分的分配比例常数 k_i。k_i 通常是温度、压力和组成的函数，当用状态方程和热力学平衡理论求解相平衡问题时，则把 k_i 的求解转化为热力学平衡条件的计算。

根据流体热力学平衡理论，当油气体系达到气、液相平衡时，体系中各组分在气、液相中的逸度(f_{ig} 和 f_{il})应相等。

已知逸度的表达式为

$$\text{气相：}\quad f_{ig} = y_i \phi_{ig} p \tag{2-91}$$

$$\text{液相：}\quad f_{il} = x_i \phi_{il} p \tag{2-92}$$

式中，ϕ_{ig}、ϕ_{il}——分别为平衡气、液相中组分 i 的逸度系数。

代入式(2-84)有

$$k_i = \frac{y_i}{x_i} = \frac{\phi_{il}}{\phi_{ig}} = \frac{f_{il}/x_i}{f_{ig}/y_i} \tag{2-93}$$

式(2-93)即为热力学平衡理论求解相平衡问题的出发点。式中的 f_{ig} 和 f_{il} 分别是平衡气、液相中各组分的逸度系数(fugacity coefficient)，它与体系所处的温度、压力以及组分的热力学性质有关。根据热力学原理求解 f_{ig} 和 f_{il} 的严格积分方程为

$$RT\ln\left(\frac{f_{ig}}{y_i p}\right) = \int_{V_g}^{\infty}\left[\left(\frac{\partial p}{\partial n_{ig}}\right)_{V_g,T,n_{jg}} - \frac{RT}{V_g}\right]\mathrm{d}V_g - RT\ln Z_g \tag{2-94}$$

$$RT\ln\left(\frac{f_{il}}{x_i p}\right) = \int_{V_l}^{\infty}\left[\left(\frac{\partial p}{\partial n_{il}}\right)_{V_l,T,n_{ji}} - \frac{RT}{V_l}\right]\mathrm{d}V_l - RT\ln Z_l \tag{2-95}$$

依据范德华(Van der Waals)状态方程理论，任何多组分体系，只要能建立可同时精确描述平衡气、液相相态特性的状态方程，即可由式(2-94)和式(2-95)两式导出平衡气、液相逸度系数的计算公式。这里要说明的是，以上两式中的 Z_g、Z_l 分别为平衡气相和液相的偏差系数，n_{ig}、n_{il} 分别为气、液相中 i 组分的摩尔组成。

定义以下相态计算中热力学平衡条件的目标方程组：

$$\begin{cases} F_1(x_i, y_i, p, T) = f_{1l} - f_{1g} = 0 \\ F_2(x_i, y_i, p, T) = f_{2l} - f_{2g} = 0 \\ \quad\vdots \\ F_i(x_i, y_i, p, T) = f_{il} - f_{ig} = 0 \\ \quad\vdots \\ F_n(x_i, y_i, p, T) = f_{nl} - f_{ng} = 0 \end{cases} \tag{2-96}$$

则满足以上方程组的 f_{ig} 和 f_{il} 就可用于精确求解式(2-93)中的气、液相平衡常数 k_i。

3.相平衡计算的数学模型

当高含硫混合物体系中气态和液态处于任意比例的平衡状态时，将物质平衡方程［式(2-90)］和热力学平衡方程组［式(2-96)］组合在一起，就可构造出气液相平衡闪蒸计算中的相平衡条件方程组：

$$\begin{cases} F_1(x_i, y_i, p, T) = f_{1l} - f_{1g} = 0 \\ \cdots \\ F_n(x_i, y_i, p, T) = f_{nl} - f_{ng} = 0 \\ F_{n+1}(x_i, y_i, p, T) = \sum \dfrac{z_i(k_i - 1)}{1 + (k_i - 1)n_g} = 0 \end{cases} \tag{2-97}$$

计算时仅用式(2-97)作为相态计算的数学模型，并根据该式一般化平衡条件目标函数，将高含硫混合物体系的相平衡计算更一般地归结为等温闪蒸计算，即归结为给定变量 T 和 P，求解变量 n_g、x_i 和 y_i 的问题。

2.6.2 高含硫混合物气、液、固相平衡

在高含硫混合物中，当压力和温度满足一定条件时会出现气、液、固三相平衡共存的情况。在这种平衡条件下，固相中只有元素硫存在，而气、液两相中会同时出现混合物中的各组分。在达到相平衡时，高含硫混合物各组成必定同时满足物质平衡方程组和热力学平衡方程组。

1.相平衡时的物质平衡方程

设高含硫混合物是一个由 n 个组分构成的复杂体系，且第 n 个组分为硫组分，其他组分为非硫组分。取 1mol 该混合物为分析单元，则体系处于气、液、固三相相平衡时，应满足以下物质平衡条件：

$$V + L + S = 1 \tag{2-98}$$

$$Vx_i^{\mathrm{V}} + Lx_i^{\mathrm{L}} = z_i (\text{前}n-1\text{个组分}) \tag{2-99}$$

$$Vx_{\mathrm{s}}^{\mathrm{V}} + Lx_{\mathrm{s}}^{\mathrm{L}} + S = z_{\mathrm{s}} \tag{2-100}$$

$$\sum_{i=1}^{n} x_i^{\mathrm{V}} = \sum_{i=1}^{n} x_i^{\mathrm{L}} = x_{\mathrm{s}}^{\mathrm{S}} = \sum_{i=1}^{n} z_i = 1 \tag{2-101}$$

式中，V、L、S——平衡时气相、液相和固相的摩尔分数；

x_i^{V}、x_i^{L}——平衡时气相、液相中第 i 个组分的摩尔分数；

$x_{\mathrm{s}}^{\mathrm{V}}$、$x_{\mathrm{s}}^{\mathrm{L}}$、$x_{\mathrm{s}}^{\mathrm{S}}$——平衡时气相、液相、固相中硫组分的摩尔分数；

z_i——油气体系中第 i 个组分的总摩尔分数。

结合在平衡时各组分气相、液相和固相中的平衡分配比，即平衡常数的定义，可以导出下述气、液、固三相平衡的数值模型方程组(三相闪蒸模型)：

$$\sum_{i=1}^{n} x_i^{\mathrm{L}} = \sum_{i=1}^{n-1} \frac{z_i}{V(k_i^{\mathrm{VL}} - 1) + 1 - S} + \frac{z_{\mathrm{s}} - S}{V(k_i^{\mathrm{VL}} - 1) + 1 - S} = 1 \tag{2-102}$$

$$\sum_{i=1}^{n} x_i^{\mathrm{V}} = \sum_{i=1}^{n-1} \frac{z_i k_i^{\mathrm{VL}}}{V(k_i^{\mathrm{VL}}-1)+1-S} + \frac{(z_{\mathrm{s}}-S)k_{\mathrm{s}}^{\mathrm{VL}}}{V(k_i^{\mathrm{VL}}-1)+1-S} = 1 \tag{2-103}$$

$$\frac{z_{\mathrm{s}}-S}{V(k_{\mathrm{s}}^{\mathrm{VL}}-1)+1-S} = \frac{1}{k_{\mathrm{s}}^{\mathrm{SL}}} \tag{2-104}$$

式(2-102)～式(2-104)是一个高度非线性方程组。根据平衡时各相中各组分的平衡常数，联立求解式(2-102)～式(2-104)构成的方程组，就可算出气、液、固各相的平衡摩尔分数(V、L、S)和各相中各组分的摩尔分数(x_i^{V}、x_i^{L}、x_i^{S})。

2.相平衡时的热力学平衡方程组

根据前面的研究，当温度、压力满足一定的条件时，含硫体系将会出现气、液、固三相共存的情形。在建立气、液、固三相相平衡热力学模型前，首先假设：

(1)混合体系处于静态，不考虑其热动力学情况；

(2)温度、压力等热力学条件的变化，表现为体系的相态变化，同时，热力学平衡在体系各处瞬时完成；

(3)忽略重力的作用，表面润湿性、毛管力、吸附作用也忽略不计。

根据热力学相平衡原理，体系内各组分 i 在气、液、固三相中的逸度分别表示为

$$f_i^{\mathrm{V}} = x_i^{\mathrm{V}} \phi_i^{\mathrm{V}} P \tag{2-105}$$

$$f_i^{\mathrm{L}} = x_i^{\mathrm{L}} \phi_i^{\mathrm{L}} P \tag{2-106}$$

$$f_i^{\mathrm{S}} = x_i^{\mathrm{S}} \gamma_i^{\mathrm{S}} f_i^{\mathrm{OS}} \tag{2-107}$$

式中，f_i^{V}、f_i^{L}、f_i^{S}——组分 i 在气、液、固三相中的逸度，MPa；

ϕ_i^{V}、ϕ_i^{L}、ϕ_i^{S}——组分 i 在气相、液相中的逸度系数；

x_i^{V}、x_i^{L}、x_i^{S}——组分 i 在气、液、固三相中的摩尔分数；

γ_i^{S}——组分 i 在固相中的活度系数；

f_i^{OS}——固相中组分 i 的标准态的逸度，MPa。

为了研究方便，不妨令第 1 个组分为硫组分，显然，$x_1^{\mathrm{S}}=1$，根据多相平衡热力学判椐，在某一条件下，当气、液、固三相处于热力学相平衡时，体系中每一组分在各相中的逸度应相等，有

$$f_1^{\mathrm{V}} = f_1^{\mathrm{L}} = f_1^{\mathrm{S}} \tag{2-108}$$

$$f_i^{\mathrm{V}} = f_i^{\mathrm{L}} (i=2,3,\cdots,n) \tag{2-109}$$

式(2-108)、式(2-109)分别等价为以下两式：

$$f_1^{\mathrm{L}} = f_1^{\mathrm{S}} \tag{2-110}$$

$$f_i^{\mathrm{V}} = f_i^{\mathrm{L}} \quad (i=1,2,\cdots,n) \tag{2-111}$$

联立式(2-105)～式(2-111)，可得气、液平衡常数 k_i^{VL} 的表达式为

$$k_1^{\mathrm{VL}} = \frac{x_1^{\mathrm{V}}}{x_1^{\mathrm{L}}} \tag{2-112}$$

$$k_i^{\mathrm{VL}} = \frac{x_i^{\mathrm{V}}}{x_i^{\mathrm{L}}} = \frac{\phi_i^{\mathrm{V}}}{\phi_i^{\mathrm{L}}} \quad (i=2,3,\cdots,n) \tag{2-113}$$

液、固平衡常数的表达式为

$$k_1^{\mathrm{SL}} = \frac{x_1^{\mathrm{S}}}{x_1^{\mathrm{L}}} = \frac{1}{x_1^{\mathrm{L}}} \tag{2-114}$$

$$k_i^{\mathrm{SL}} = 0 \quad (i = 2, 3, \cdots, n) \tag{2-115}$$

组分 i 在气相和液相中的逸度系数 ϕ_i^{V} 、ϕ_i^{L} 可分别采用状态方程计算获得。而固相参数、标准态逸度 f_i^{OS} 和活度系数 γ_i^{S} 可参考有关相平衡方面的文献。

3.相平衡计算的数学模型

利用气、液、固三相相平衡时建立的物质守恒方程，联立平衡时必须满足的热力学平衡方程组就可以计算高含硫混合物的三相相平衡，从而得到一定温度和压力条件下各相中各组分的摩尔分数。

方程组可以采用牛顿迭代法求解，具体求解步骤如下。

将式(2-102)、式(2-103)作以下变换：

$$\sum x_i^{\mathrm{V}} - \sum x_i^{\mathrm{L}} = 0 \tag{2-116}$$

$$\sum_{i=1}^{n-1} \frac{z_i(k_i^{\mathrm{VL}} - 1)}{V(k_i^{\mathrm{VL}} - 1) + 1 - S} + \frac{(z_{\mathrm{s}} - S)(k_{\mathrm{s}}^{\mathrm{VL}} - 1)}{V(k_i^{\mathrm{VL}} - 1) + 1 - S} = 0 \tag{2-117}$$

将式(2-104)代入式(2-117)中，并联立式(2-104)，得

$$\begin{cases} \displaystyle\sum_{i=1}^{n-1} \frac{z_i(k_i^{\mathrm{VL}} - 1)}{V(k_i^{\mathrm{VL}} - 1) + 1 - S} + \frac{k_{\mathrm{s}}^{\mathrm{VL}} - 1}{k_{\mathrm{s}}^{\mathrm{SL}}} = 0 \\ \displaystyle\frac{z_{\mathrm{s}} - S}{V(k_{\mathrm{s}}^{\mathrm{VL}} - 1) + 1 - S} = \frac{1}{k_{\mathrm{s}}^{\mathrm{SL}}} \end{cases} \tag{2-118}$$

按牛顿迭代法的中心思想，设：

$$\begin{cases} f_1(V, S) = 0 \\ f_2(V, S) = 0 \end{cases} \tag{2-119}$$

将 $f_1(V,S)$ 和 $f_2(V,S)$ 在 $(V^{\mathrm{o}}, S^{\mathrm{o}})$ 泰勒展开：

$$\begin{cases} f_1(V,S) = f_1^{\mathrm{o}}(V^{\mathrm{o}}, S^{\mathrm{o}}) + \dfrac{\partial f_1^{\mathrm{o}}(V^{\mathrm{o}}, S^{\mathrm{o}})}{\partial V}\Delta V + \dfrac{\partial f_1^{\mathrm{o}}(V^{\mathrm{o}}, S^{\mathrm{o}})}{\partial S}\Delta S + \cdots = 0 \\ f_2(V,S) = f_2^{\mathrm{o}}(V^{\mathrm{o}}, S^{\mathrm{o}}) + \dfrac{\partial f_2^{\mathrm{o}}(V^{\mathrm{o}}, S^{\mathrm{o}})}{\partial V}\Delta V + \dfrac{\partial f_2^{\mathrm{o}}(V^{\mathrm{o}}, S^{\mathrm{o}})}{\partial S}\Delta S + \cdots = 0 \end{cases} \tag{2-120}$$

写成：

$$\begin{bmatrix} \dfrac{\partial f_1^{\mathrm{o}}(V,S)}{\partial V} & \dfrac{\partial f_1^{\mathrm{o}}(V,S)}{\partial S} \\ \dfrac{\partial f_2^{\mathrm{o}}(V,S)}{\partial V} & \dfrac{\partial f_2^{\mathrm{o}}(V,S)}{\partial S} \end{bmatrix} \begin{bmatrix} \Delta V \\ \\ \Delta S \end{bmatrix} = \begin{bmatrix} -f_1^{\mathrm{o}}(V^{\mathrm{o}}, S^{\mathrm{o}}) \\ \\ -f_2^{\mathrm{o}}(V^{\mathrm{o}}, S^{\mathrm{o}}) \end{bmatrix} \tag{2-121}$$

其中，$\Delta V = V - V^{\mathrm{o}}$，$\Delta S = S - S^{\mathrm{o}}$。

若用简单消元法求解，有

$$\Delta S=\frac{\left[-f_2^{\mathrm{o}}(V^{\mathrm{o}},S^{\mathrm{o}})+f_1^{\mathrm{o}}(V^{\mathrm{o}},S^{\mathrm{o}})\times\frac{\partial f_2^{\mathrm{o}}(V^{\mathrm{o}},S^{\mathrm{o}})}{\partial V}\Big/\frac{\partial f_1^{\mathrm{o}}(V^{\mathrm{o}},S^{\mathrm{o}})}{\partial V}\right]}{\left[\frac{\partial f_2^{\mathrm{o}}(V^{\mathrm{o}},S^{\mathrm{o}})}{\partial S}-\frac{\partial f_1^{\mathrm{o}}(V^{\mathrm{o}},S^{\mathrm{o}})}{\partial S}\times\left(\frac{\partial f_2^{\mathrm{o}}(V^{\mathrm{o}},S^{\mathrm{o}})}{\partial V}\Big/\frac{\partial f_1^{\mathrm{o}}(V^{\mathrm{o}},S^{\mathrm{o}})}{\partial V}\right)\right]} \tag{2-122}$$

$$\Delta V=\left[-f_1^{\mathrm{o}}(V^{\mathrm{o}},S^{\mathrm{o}})-\frac{\partial f_1^{\mathrm{o}}(V^{\mathrm{o}},S^{\mathrm{o}})}{\partial S}\times\Delta S\right]\Big/\frac{\partial f_1^{\mathrm{o}}(V^{\mathrm{o}},S^{\mathrm{o}})}{\partial V} \tag{2-123}$$

具体实现步骤如下。

设：

$$f_1=\sum_{i=1}^{n-1}\frac{z_i(k_i^{\mathrm{VL}}-1)}{V(k_i^{\mathrm{VL}}-1)+1-S}+\frac{k_{\mathrm{s}}^{\mathrm{VL}}-1}{k_{\mathrm{s}}^{\mathrm{SL}}}=0 \tag{2-124}$$

$$f_2=\frac{z_{\mathrm{s}}-S}{V(k_{\mathrm{s}}^{\mathrm{VL}}-1)+1-S}-\frac{1}{k_{\mathrm{s}}^{\mathrm{SL}}}=0 \tag{2-125}$$

$$D_i^{\mathrm{o}}=V^{\mathrm{o}}(k_i^{\mathrm{VL}}-1)+1-S^{\mathrm{o}} \tag{2-126}$$

$$D_{\mathrm{s}}^{\mathrm{o}}=V^{\mathrm{o}}(k_{\mathrm{s}}^{\mathrm{VL}}-1)+1-S^{\mathrm{o}} \tag{2-127}$$

则有：

$$f_1^{\mathrm{o}}=\sum_{i=1}^{n-1}\frac{z_i(k_i^{\mathrm{VL}}-1)}{D_i^{\mathrm{o}}}+\frac{k_{\mathrm{s}}^{\mathrm{VL}}-1}{k_{\mathrm{s}}^{\mathrm{SL}}}=0 \tag{2-128}$$

$$f_2^{\mathrm{o}}=\frac{z_{\mathrm{s}}-S}{D_{\mathrm{s}}^{\mathrm{o}}}-\frac{1}{k_{\mathrm{s}}^{\mathrm{SL}}}=0 \tag{2-129}$$

$$\frac{\partial f_1^{\mathrm{o}}}{\partial V}=-\sum_{i=1}^{n-1}z_i\left(\frac{k_i^{\mathrm{VL}}-1}{D_i^{\mathrm{o}}}\right)^2 \tag{2-130}$$

$$\frac{\partial f_1^{\mathrm{o}}}{\partial S}=\sum_{i=1}^{n-1}\frac{z_i\left(k_i^{\mathrm{VL}}-1\right)}{(D_i^{\mathrm{o}})^2} \tag{2-131}$$

$$\frac{\partial f_2^{\mathrm{o}}}{\partial V}=-\frac{(z_{\mathrm{s}}-S)(k_{\mathrm{s}}^{\mathrm{VL}}-1)}{(D_{\mathrm{s}}^{\mathrm{o}})^2} \tag{2-132}$$

$$\frac{\partial f_2^{\mathrm{o}}}{\partial S}=\frac{z_{\mathrm{s}}-S-D_{\mathrm{s}}^{\mathrm{o}}}{(D_{\mathrm{s}}^{\mathrm{o}})^2} \tag{2-133}$$

根据化简后的结果，可得下列迭代方程组：

$$\begin{bmatrix}-\sum_{i=1}^{n-1}z_i\left(\frac{k_i^{\mathrm{VL}}-1}{D_i^{\mathrm{o}}}\right)^2 & \sum_{i=1}^{n-1}\frac{z_i\left(k_i^{\mathrm{VL}}-1\right)}{(D_i^{\mathrm{o}})^2}\\ -\frac{(z_{\mathrm{s}}-S)(k_{\mathrm{s}}^{\mathrm{VL}}-1)}{(D_{\mathrm{s}}^{\mathrm{o}})^2} & \frac{z_{\mathrm{s}}-S-D_{\mathrm{s}}^{\mathrm{o}}}{(D_{\mathrm{s}}^{\mathrm{o}})^2}\end{bmatrix}\begin{bmatrix}V-V^{\mathrm{o}}\\ S-S^{\mathrm{o}}\end{bmatrix}=\begin{bmatrix}-\left(\sum_{i=1}^{n-1}\frac{z_i(k_i^{\mathrm{VL}}-1)}{D_i^{\mathrm{o}}}+\frac{k_{\mathrm{s}}^{\mathrm{VL}}-1}{k_{\mathrm{s}}^{\mathrm{SL}}}\right)\\ -\left(\frac{z_{\mathrm{s}}-S}{D_{\mathrm{s}}^{\mathrm{o}}}-\frac{1}{k_{\mathrm{s}}^{\mathrm{SL}}}\right)\end{bmatrix} \tag{2-134}$$

其中，$V=V+\Delta V$，$S=S+\Delta S$

若本次迭代获得的 ΔV、ΔS 能满足精度要求，则迭代过程停止，否则将 $V\to V^{\mathrm{o}}$，$S\to S^{\mathrm{o}}$，重复迭代计算过程。

2.7　高含硫混合物气液和气、液、固相平衡计算方法

2.7.1　相平衡时组分硫的计算

高含硫混合物达到相平衡时，气、液相中各组分的逸度都可采用状态方程进行求解，而固相硫的逸度则要采用关联式进行求解。对于非硫相，可以采用各组分的临界性质计算确定各状态方程参数。但元素硫会因不同的硫原子结合而具有不同的化学结构，导致有不同的临界参数。因此，若直接采用临界性质计算状态方程参数和逸度会产生较大的误差。下面提出一种新方法来确定硫的状态方程参数。

1.液相和气相硫的计算

借鉴 Panagiotopoulos 和 Kumar(1985)提出的相关理论，可通过调整状态方程中的引力参数 a 和斥力系数 b 来拟合元素硫的饱和蒸气压和液相密度，从而获得液相和气相中纯组分硫的状态方程参数。由于两个参数的调整有很大的随机性，可以将斥力系数 b 考虑为一个与温度无关的常数，不断调整不同温度下的引力系数 a，从而得到能计算液相和气相中硫组分的状态方程参数。

2.固相硫的计算

对于固相纯组分硫，不采用状态方程法计算偏差系数和逸度，而是直接对低压下纯组分硫的升华压进行高压校正。设：

$$\ln f_{\mathrm{s}} = \frac{A}{T} + B + \frac{p v_{\mathrm{s}}}{RT} \tag{2-135}$$

式(2-135)中的前两项可以认为是采用 Antoine 方程计算的元素硫的升华压，最后一项是对低压升华压进行的 Poynting 修正。

取固相硫的密度为 2050kg/m^3，则式(2-135)中的 v_{s} 可以由下式计算得到：

$$v_{\mathrm{s}} = \frac{M_{\mathrm{S_8}}}{\rho_{\mathrm{s}}^{s}} = \frac{8\times 32.064}{2050} = 0.12513\mathrm{m^3/kmol} \tag{2-136}$$

所以，回归后得到的固相硫的逸度表达式为

$$\ln f_{\mathrm{s}} = -\frac{13846.797}{T} + 22.83572 + \frac{0.12513p}{RT} \tag{2-137}$$

式中，f_{s}——固相硫逸度，MPa；

T——温度，K；

p——压力，MPa；

R——普适气体常数，这里取 0.08206 kmol/(m$^3\cdot$K)。

2.7.2　三相相平衡稳定性判断

在多相相平衡计算过程中，要想获得完整而精确的计算结果，就必须事先预测相态计

算的稳定性，即进行相态稳定性检验或相态稳定性判断。多相相平衡稳定性检验的目的在于，计算进入收敛区域之前能准确地确定体系相态的稳定性，即确定在给定温度、压力及组成等热力学条件下体系所处的相态(单相、两相或三相)，这样不仅能够快速满足多相相平衡的收敛要求，而且还可以节省计算时间和计算工作量。

许多学者对相态稳定性检验方法，即检验多相存在的方法进行了研究。1982 年 Michelsen(1982)提出了吉布斯自由能最小化技术，1987 年 Nelson(1987)提出了以平衡常数 k 值为基础的多相相态稳定性检验方法，本书即在 k 值相态稳定性检验方法的基础上，推导出了气、液、固三相稳定性判断准则。

1.气、液两相平衡稳定性判断

先以两相系统的气、液平衡为例来推导以平衡常数 k 值为基础的相态稳定性检验方法。

以液相为参考相，定义平衡参数为

$$k_i^{(1)}=x_i/x_i,\quad k_i^{(2)}=y_i/x_i \tag{2-138}$$

显然，$k_i^{(1)}=1$。

由式(2-138)可得

$$x_i=\frac{k_i^{(1)}z_i}{1+V(k_i^{(2)}-1)} \tag{2-139}$$

$$y_i=\frac{k_i^{(2)}z_i}{1+V(k_i^{(2)}-1)} \tag{2-140}$$

式中，V——气相的摩尔分数，小数；

x、y、z——气相、液相和体系中组分的摩尔分数，小数；

k——平衡常数；

上标(1)和(2)——参考相；

下标 i——组分。

定义 $\phi(V)=\sum x_i-\sum y_i$，将式(2-139)和式(2-140)代入得

$$\phi(V)=\sum\frac{(1-k_i^{(2)})z_i}{1+(k_i^{(2)}-1)V} \tag{2-141}$$

对 $\phi(V)$ 求导数有

$$\frac{\partial\phi(V)}{\partial V}=\sum\frac{(1-k_i^{(2)})^2z_i}{[1+(k_i^{(2)}-1)V]^2}>0 \tag{2-142}$$

由于 $\phi(V)$ 对 V 的导数大于 0，因此 $\phi(V)$ 是 V 的单调增函数。又 V 取 0～1 具有物理意义，故由 $\phi(V)$ 的单调性有

$$\phi(0)<\phi(V)<\phi(1) \tag{2-143}$$

由于式(2-143)可通过求解 $\phi(V)=\sum x_i-\sum y_i=0$ 得到满足，所以只有当 $\phi(V)=0$，且 $0<V<1$ 时，才有两相存在($V=0$ 对应泡点，$V=1$ 对应露点)。所以有

$$\phi(0)=1-\sum(k_i^{(2)}z_i)<0 \tag{2-144}$$

$$\phi(1)=\sum(z_i/k_i^{(2)})-1>0 \tag{2-145}$$

即若有气、液两相存在，则必须同时满足：

$$\sum(k_i^{(2)}z_i)>1 \tag{2-146}$$

$$\sum(z_i / k_i^{(2)})>1 \tag{2-147}$$

这就是气、液两相平衡的相稳定性判断条件。另外，如果$\phi(V)>0$，那么$\phi(V)=0$的解V一定是负数，这意味着不存在气相，只有液相存在(过冷)。由组分物料守恒计算有$x_i=z_i$，推出$y_i=x_ik_i^{(2)}=z_ik_i^{(2)}$。由$1-\sum(k_i^{(2)}z_i)>0$有$\sum y_i<1$，可见，不存在的气相的总摩尔分数小于1。类似地，可得$\phi(V)<0$对应的只有气相存在(过热)，不存在的液相的总摩尔分数也小于1。这正是Michelsen(1982)提出的切平面检验判据的一个等价形式：被考察相的总摩尔分数如果小于1，则该相并不存在；反之，如果被考察相在平衡中不存在，它的总摩尔分数必然小于1。

由式(2-139)和式(2-140)可以得到更一般的表达式：

$$\sum x_i = \sum \frac{k_i^{(1)}z_i}{Lk_i^{(1)}+Vk_i^{(2)}} \tag{2-148}$$

$$\sum y_i = \sum \frac{k_i^{(2)}z_i}{Lk_i^{(1)}+Vk_i^{(2)}} \tag{2-149}$$

式中，L——液相摩尔分数，小数。

由此可以定义三相共存时，气、液、固相中任一相的组成求和表达式为

$$P_m(y)=\sum_{i=1}^{n}\frac{z_ik_i^m}{\sum_{j=1}^{3}y^jk_i^j} \tag{2-150}$$

式中：m——某一相；

y^j——j相的摩尔分数(j=1，2，3)。

为了研究三相平衡的稳定性，先根据定义推出两相稳定性判断的一般表达式。对上述两相系统，可以推导出一个独立函数：

$$\phi_{21}(y)=P_2(y)-P_1(y)=\sum_{i=1}^{n}\frac{z_i(k_i^{(2)}-k_i^{(1)})}{\sum_{j=1}^{2}y^jk_i^j} \tag{2-151}$$

要使两相系统达到稳定，必有

$$\phi_{21}(1,0)=\phi_{21}(y_1=1,y_2=0)>0 \tag{2-152}$$

$$\phi_{21}(0,1)=\phi_{21}(y_1=0,y_2=1)<0 \tag{2-153}$$

联立式(2-151)～式(2-153)有

$$\sum_{i=1}^{n}z_ik_i^{(2)}>1 \tag{2-154}$$

$$\sum_{i=1}^{n}\frac{z_i}{k_i^{(2)}}>1 \tag{2-155}$$

式(2-154)和式(2-155)即为我们所熟知的气、液两相平衡中相态判断的基本关系式，上标j=2代表气相。两相闪蒸的稳定性判断由图2-39定性表示。

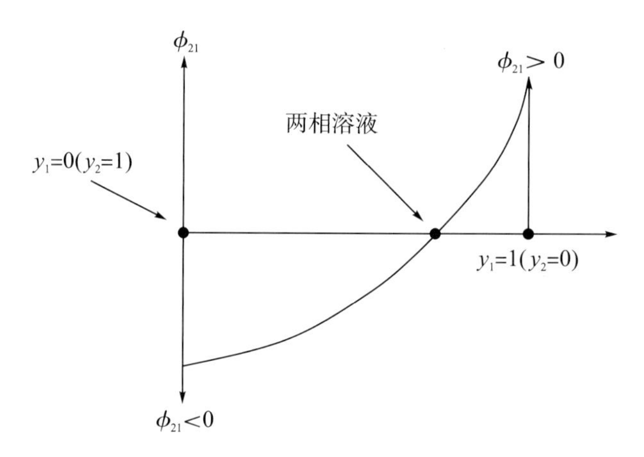

图 2-39 两相闪蒸计算的相态稳定性判断

2.气、液、固三相平衡稳定性判断

针对多相相平衡的基于 k 值的多相相平衡稳定性检验，定义相平衡常数的通式化的关系式为

$$k_i^j=\frac{x_i^j}{x_i^r}=\frac{\phi_i^r}{\phi_i^j}\qquad (j=1, 2, 3,\cdots) \tag{2-156}$$

式中，x_i^j——组分 i 在第 j 相中的摩尔组成；

x_i^r——组分 i 在参考相 r 相中的摩尔组成；

ϕ_i^r——组分 i 在参考相 r 相中的逸度系数；

ϕ_i^j——组分 i 在第 j 相中的逸度系数；

k_i^j——组分 i 在第 j 相与参考相 r 相中的平衡常数。

对于一个三相平衡体系的闪蒸计算，也可以类似地推导出相态的稳定性检验方法。由式(2-151)可得出：

$$\phi_{31}(y)=P_3(y)-P_1(y)=\sum_{i=1}^{n}\frac{z_i(k_i^{(3)}-k_i^{(1)})}{\sum_{j=1}^{3}y^jk_i^j} \tag{2-157}$$

由式(2-151)和式(2-157)有

$$\phi_{21-31}(y)=\phi_{21}-\phi_{31}=(P_2(y)-P_1(y))-(P_3(y)-P_1(y))=P_2-P_3=\sum_{i=1}^{n}\frac{z_i(k_i^{(2)}-k_i^{(3)})}{\sum_{j=1}^{3}y^jk_i^j} \tag{2-158}$$

选液相为参考相(r=1)，j=1 表示液相，j=2 表示气相，j=3 表示固相，则液相的平衡常数 k_i^1=1 。三相闪蒸计算的稳定性判断由图 2-40 定性表示。

具体判断过程举例分析如下。

若在 y_1=1 处有

$$\phi_{21}(y)=\phi_{21}(y_1=1,y_2=0,y_3=0)=\sum_{i=1}^{n}z_ik_i^{(2)}-1>0 \tag{2-159}$$

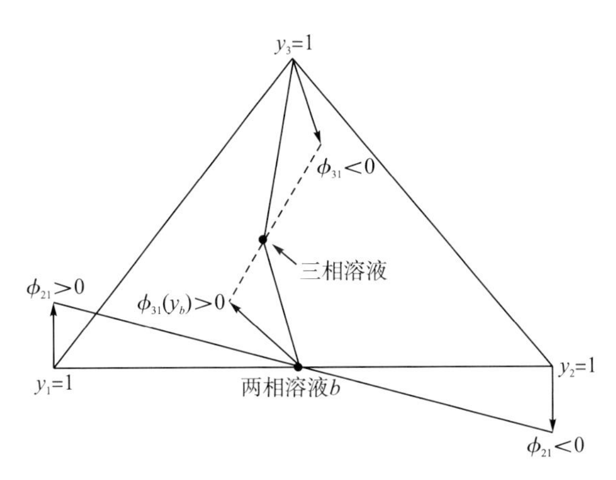

图 2-40　三相闪蒸相态的稳定性判断

并且在 $y_2=1$ 处有

$$\phi_{21}(y)=\phi_{21}(y_1=0,y_2=1,y_3=0)=1-\sum_{i=1}^{n}\frac{z_i}{k_i^{(2)}}<0 \tag{2-160}$$

那么对 $\phi_{21}(y)$ 必有一个根 b 在 y_2 轴线上某处使 $\phi_{21}(y)=0$ 成立，即 1 和 2 两相达到相平衡，处于稳定状态。

如果 $\phi_{31}(y)$ 在 $y_3=1$ 处有

$$\phi_{31}(y_1=0,y_2=0,y_3=1)=1-\sum_{i=1}^{n}\frac{z_i}{k_i^{(3)}}<0 \tag{2-161}$$

同时在 b 点处有

$$\phi_{31}(y_b)>0 \tag{2-162}$$

那么此时体系就有形成第三相的趋势，这将把两相平衡点 b 向三相区域内移动。

因此，可以认为，如果 $\phi_{21}(y_b)=0$，那么 1、2 两相在 $0<y_2<1$ 且 $y_3=0$ 的区域内形成两相；如果 $\phi_{31}(y_b)>0$ 且 $\phi_{31}(y_3=1)<0$，那么体系可以有三相共存。在以上条件下，若 $\phi_{31}(y_b)<0$，那么只有 1、2 两相共存，即气、液平衡。

类似的分析可以在其他轴上进行并可以确定相的存在。

通过以上的推证，就可以获得 ϕ_{21}、ϕ_{31} 在图 2-40 中三个顶点处的值，并可以计算出相应顶点处 ϕ_{21-31} 的值。

对于高含硫气藏而言，具体判断气、液、固三相相平衡稳定性的方法如下。

1) 气、液平衡判断(气相-2，液相-1)

当体系中只存在 1、2 两相且平衡时，应同时满足以下条件：

$$\sum_{i=1}^{n}\frac{z_i}{k_i^{(2)}}>1 \tag{2-163}$$

$$\sum_{i=1}^{n}z_i k_i^{(2)}>1 \tag{2-164}$$

$$\begin{cases}\phi_{31}(y_1,y_2,0)<0\\ \phi_{21}(y_1,y_2,0)=0\end{cases} \tag{2-165}$$

2)气、液、固平衡判断(气相-2，液相-1，固相-3)

当体系中存在1、2和3三相且平衡时，应同时满足以下条件：

$$\sum_{i=1}^{n}\frac{z_i}{k_i^{(2)}}>1 \tag{2-166}$$

$$\sum_{i=1}^{n}z_i k_i^{(2)}>1 \tag{2-167}$$

$$\phi_{31}\left(y_1,y_2,0\right)>0\text{且}\phi_{21}(y_1,y_2,0)=0,\phi_{31}\left(y_3=1\right)<0 \tag{2-168}$$

2.7.3 高含硫混合物相平衡计算步骤

1.气、液两相相平衡计算

气、液两相相平衡计算步骤如下：

(1)根据初始条件输入原始数据，包括体系组成和非硫组分的热力学参数；

(2)输入计算的温度和压力；

(3)利用Wilson方程给非硫组分赋初值k_i(i=1，2，3，…，n−1，第n个组分为硫)，且令计算步长k_s=0.0001；

(4)进行气、液两相闪蒸计算；

(5)判断各相逸度是否相等，若不等则替换k_i(i=1，2，3，…，n−1，n)，回到前一步；若相等则进行下一步；

(6)输出有关参数，如气相中硫组分的摩尔分数；

(7)完成计算，程序结束。

气、液两相中非硫组分的平衡常数k_i(i=1，2，3，…，n)的初值用Wilson公式计算：

$$k_i=\exp\left[5.37(1+\omega_i)\left(1-\frac{1}{T_{\mathrm{r}i}}\right)/\,p_{\mathrm{r}i}\right] \tag{2-169}$$

式中，ω——偏心因子；

T_{r}——对比温度；

p_{r}——对比压力；

下标i——组分。

2.气、液、固三相相平衡计算

气、液、固三相相平衡计算步骤如下：

(1)根据初始条件输入原始数据，包括体系组成和非硫组分的热力学参数。

(2)输入计算的温度和压力。

(3)利用Wilson方程给非硫组分赋初值$k_{\mathrm{VL}i}$(i=1，2，3，…，n−1，第n个组分为硫)，且令k_{SL}=0.00001，k_{VL}=0.01。其中k_{SL}、k_{VL}表示两种不同状态的初始值，下标中S、L、V分别代表固相、液相、气相。

(4)进行气、液、固三相闪蒸计算。

(5) 判断各相的逸度是否相等，若不等则替换 $k_{VLi}(i=1, 2, 3, \cdots, n-1, n)$ 和 k_{SL}，回到前一步；若相等则进行下一步。

(6) 输出有关参数，如气相中硫组分的摩尔分数。

(7) 完成计算，程序结束。

2.7.4　模型预测结果分析

利用所建立的相平衡热力学模型，计算了 7 组 H_2S-CH_4 体系的 P-T 相图。各组气样的组成如表 2-22 所示，各组气样的 P-T 相图如图 2-41～图 2-47 图所示。

表 2-22　各组气样组成

组成	各组成摩尔分数/%						
	气样 1	气样 2	气样 3	气样 4	气样 5	气样 6	气样 7
H_2S	5	10	20	45	70	90	100
C_1	90	85	75	50	35	5	0
C_2	5	5	5	5	5	5	0

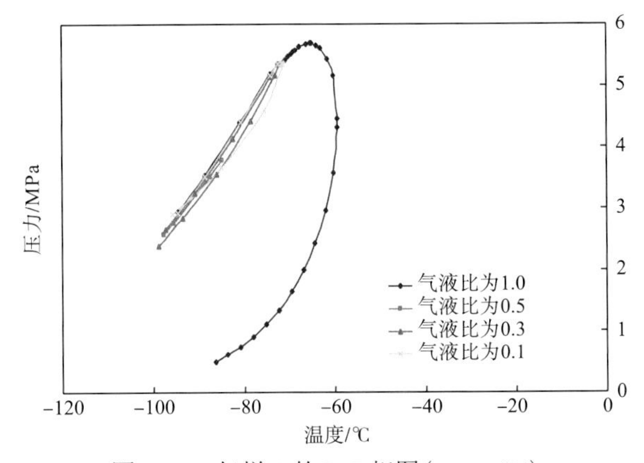

图 2-41　气样 1 的 P-T 相图（y_{H_2S}=5%）

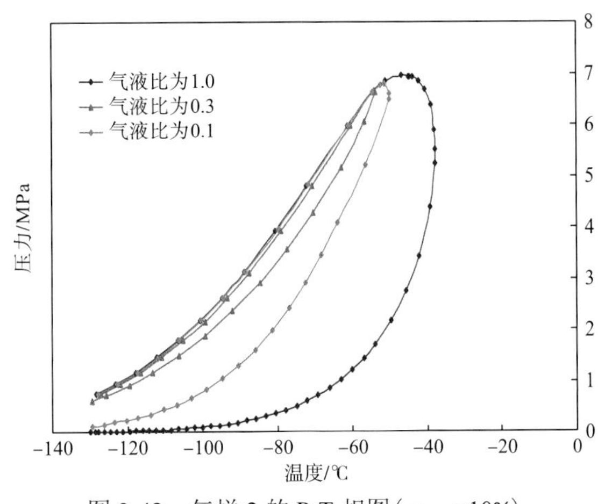

图 2-42　气样 2 的 P-T 相图（y_{H_2S}=10%）

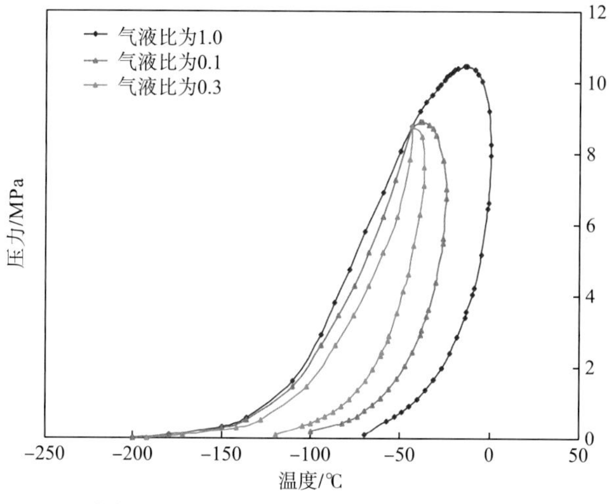

图 2-43　气样 3 的 P-T 相图（y_{H_2S} =25%）

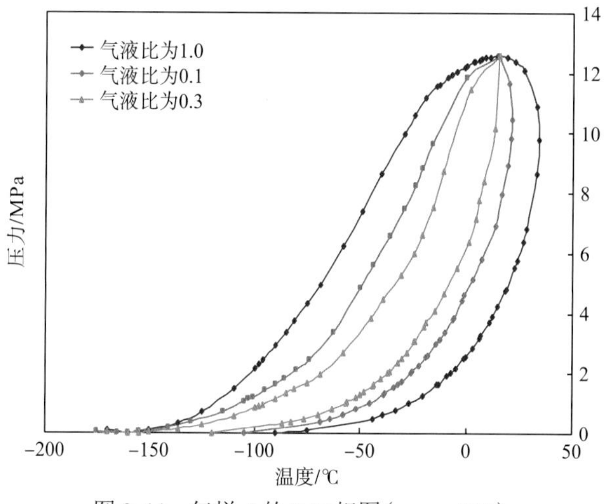

图 2-44　气样 4 的 P-T 相图（y_{H_2S} =40%）

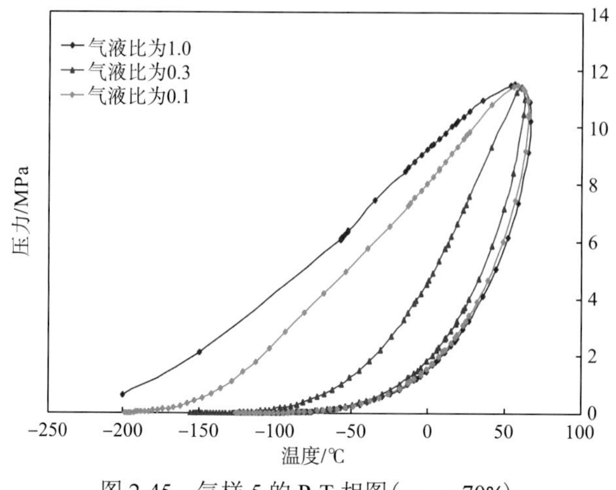

图 2-45　气样 5 的 P-T 相图（y_{H_2S} =70%）

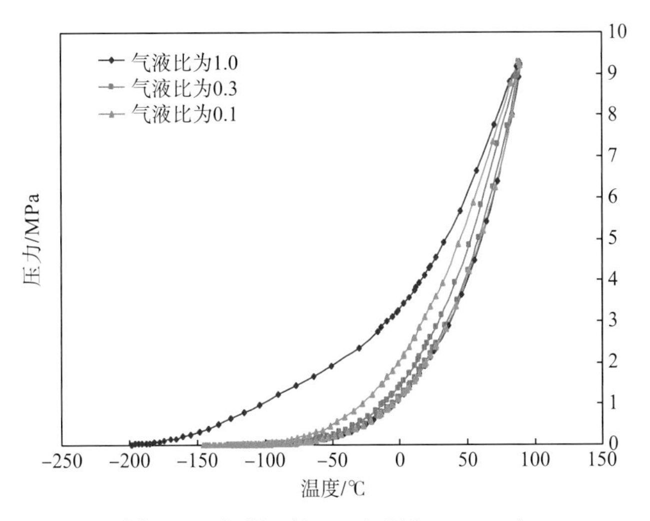

图 2-46　气样 6 的 P-T 相图（y_{H_2S} =90%）

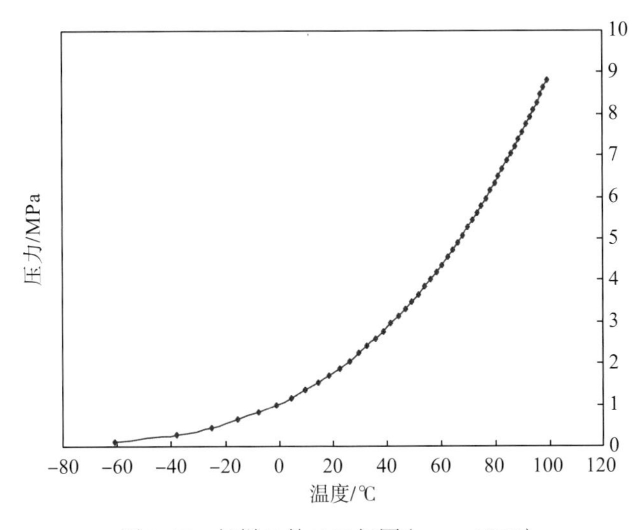

图 2-47　气样 7 的 P-T 相图（y_{H_2S} =100%）

图 2-48 为不同 H_2S 含量气样的 P-T 相图，从图中可以看到：

(1) H_2S 与 CH_4 的比例相近时，相包络线两相区最宽；H_2S-CH_4 体系中任一种组成的摩尔分数比例比较大时，则相图就越靠近该单组分的相图。

(2) 当 H_2S 含量比较小的时候，其露点右侧的气相区很大，而当 H_2S 含量达到 90%的时候，在地面温度或井筒温度条件下，H_2S-CH_4 体系可能出现液态。如果是单一的 H_2S 组成，由 H_2S 的相图可知，在临界点附近更容易形成液相。

(3) H_2S 含量越高，泡点、露点压力越低，即在较高的温度、较低的压力下就会出现液相。

(4) 井筒的温度和压力范围内，H_2S 含量大于 45%才可能出现液相；当 H_2S 含量小于 45%的时候，H_2S 在井筒中都是以气相存在。

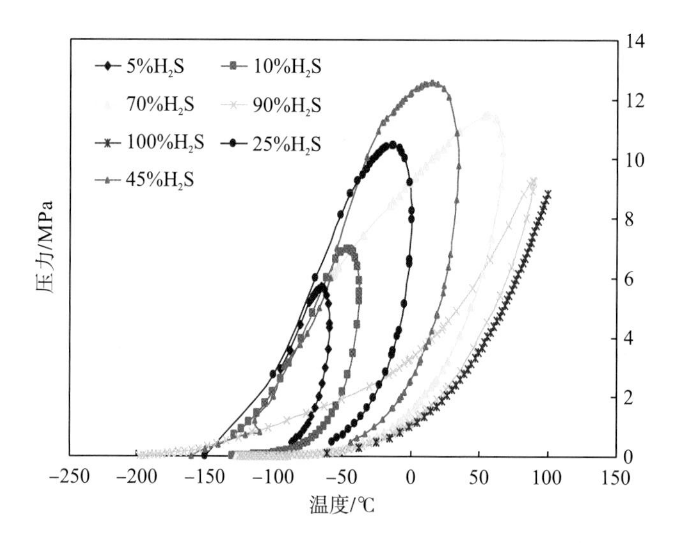

图 2-48 不同 H_2S 含量气样的 P-T 相图比较图

2.7.5 酸性气体相图

1.单质硫溶解度对比曲线分析

利用实验室建立的测试高含硫气体中硫含量的方法，测定 YB204-1H 和 YB121H 井井口样的单质硫含量分别为 $1.0977g \cdot m^{-3}$ 和 $1.5974g \cdot m^{-3}$，而 YB204-1H 和 YB121H 井井口样在井口条件下的饱和硫含量分别为 $0.025g \cdot m^{-3}$ 和 $0.018g \cdot m^{-3}$，说明取得的样品中单质硫是过饱和的。

YBYB103H 井、YB204-1H 井和 YB121H 三口井气样的硫溶解度测定实验结果见图 2-49。在原始地层条件下，YB204-1H 和 YB121H 井的单质硫饱和溶解度分别为 $6.413g \cdot m^{-3}$ 和 $9.0983g \cdot m^{-3}$。

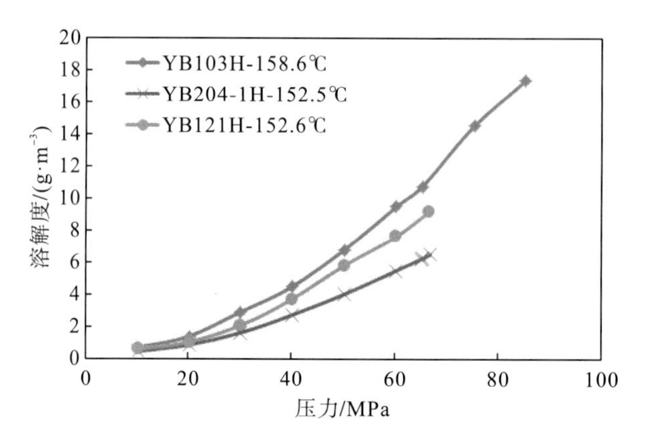

图 2-49 单质硫溶解度与压力关系曲线

从三口井的单质硫溶解度对比曲线可以看出，在地层条件下，YB103H 井单质硫溶解度最高，YB121H 次之，YB204-1H 井最低。

2.单质硫凝固线测定实验分析

利用本次研究建立的高温、高压硫析出点和熔解点测量装置，测定单质硫在 YB103H、YB121H、YB204-1H 井及不同 H_2S 含量气体中的凝固点曲线，明确单质硫在地层条件和井筒流动过程中的存在状态，实验结果如图 2-50 所示。

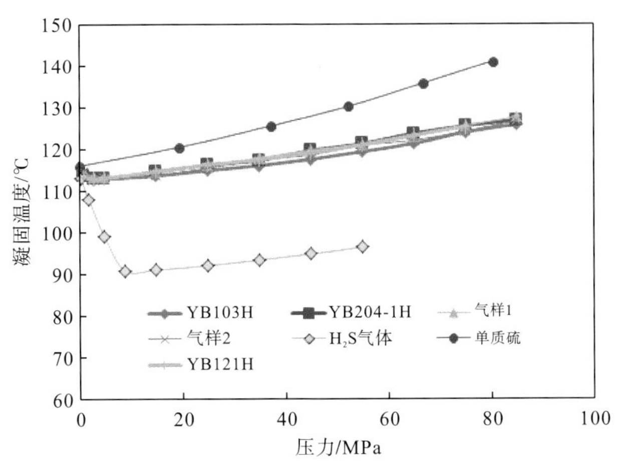

图 2-50　凝固温度与压力关系曲线

由图 2-50 可知，单质硫在含硫天然气中的凝固点比纯单质硫的凝固点要低，纯硫化氢气体的凝固点最低，其他几个含硫气样的凝固点相似，但这些凝固点远远低于 YB 气田地层温度。

3.单质硫析出线测定实验分析

利用本次研究建立的高温、高压硫析出点和熔解点测量装置，测定了 YB103H、YB121H、YB204-1H 井气体不同单质硫含量的析出点曲线，结果如图 2-51 所示。在以后

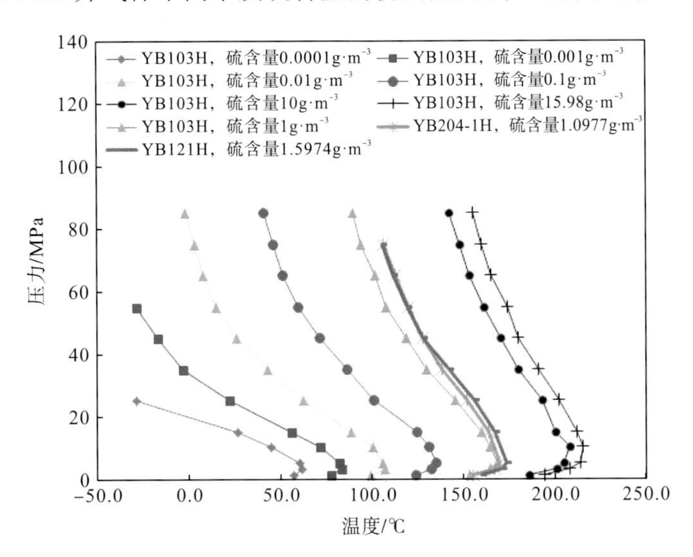

图 2-51　单质硫在 YB103H、YB121H、YB204-1H 井气体中的析出点曲线

研究中，若测得了单质硫含量即可根据插值法获取单质硫的析出曲线。对比 YB121H、YB204-1H 井口气体中单质硫的析出曲线可以看出，相同条件下 YB121H 井的析硫点更高，硫更易析出，在地层温度下 YB121H 的析硫压力为 26.5MPa，YB204-1H 的析硫压力为 25MPa，当地层压力低于该值时地层中才会析出液态硫。

4.相图实验分析

利用单质硫在 YB 气样中的凝固点和析出点数据，完成了 YB103H、YB204-1H 和 YB121H 三口井的流体相态实验，明确了三口井的相态特征。

1) YB121H 井含硫相图研究

根据前文 YB121H 井井口气体和地层条件下饱和单质硫气样的单质硫析出曲线、凝固曲线，结合露点线和泡点线的计算结果，绘制了 YB121H 井井口样和地层条件下饱和单质硫的流体相图，结果如图 2-52 所示。YB121H 气井相图存在天然气与液硫两相共存的区域，且随着单质硫含量的不断增加，天然气与液硫两相共存区越来越大。

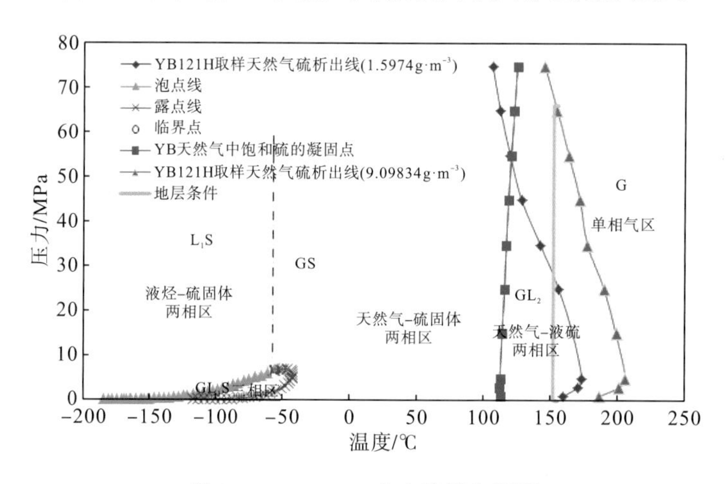

图 2-52 YB121H 井含硫流体相图

YB121H 气井相图存在液烃、天然气和单质硫的三相共存区(GL_1S)、天然气-硫固体的气固两相区(GS)、液烃-硫固体两相区(L_1S)、含硫气体的单相区(G)和天然气-液硫两相共存的区域(GL_2)。随着开采的进行，地层压力不断降低，当地层压力低于 25MPa 时，地层中析出的单质硫呈现液态形式，而在地面管线和井筒中可能存在多相共存区域。

2) YB204-1H 井含硫相图研究

YB204-1H 井井口样相图如图 2-53 所示。对比 YB204-1H 井的井口气样与地层条件下饱和单质硫时的硫析出曲线可以看出，随着气体中单质硫含量的增加，硫析出曲线向更高温度方向偏移，相同压力下气体中单质硫含量越高，其析出温度越高，越容易析出；单质硫的析出温度随着压力的增加呈现先增大后减小趋势。由此可见，YB204-1H 井口气样只有地层压力降到 25MPa 以下才在地层中析出液态硫。

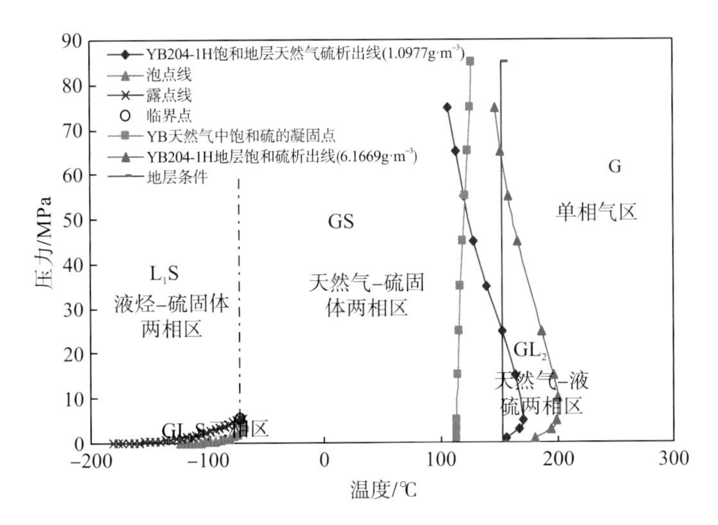

图 2-53 YB204-1H 井含硫流体相图

YB204-1H 气井相图存在液烃、天然气和单质硫的三相共存区(GL_1S)，天然气-硫固体的气固两相区(GS)、液烃-硫固体两相区(L_1S)、含硫气体的单相区(G)和天然气-液硫两相共存的区域(GL_2)，且随着单质硫含量的不断增加天然气与液硫两相共存区越来越大。随着开采的进行，地层压力不断降低，当地层压力低于 25MPa 时，地层中析出的单质硫呈现液态形式。

第3章　元素硫溶解度实验和预测模型

3.1　高含硫气藏硫溶解度在线测试

高含硫气藏硫溶解度在线测试装置(图 3-1)的测试原理：通过对 N+2 份等份原始样品进行单质硫测试、含硫气样总硫测试、溶解反应后含硫气样总硫的测试来得到单质硫在不同温度、压力下的 H_2S 气体中的溶解度。常温 T_0、常压 p_0 下由 CS_2 吸收单质硫系统测试含硫气样中的单质硫含量 $m_s = m_0 + m_1$；在荧光定硫仪中进行含硫气样总硫测试，得到含硫总量 s_0；一定温度 T_i、压力 p_i 下在高温、高压活塞式定量容器中进行含硫气样和单质硫溶解反应，测试反应后含硫气样中的含硫总量 s_i。将溶解反应的温度，压力转化到常温下进行计算，判断 $\Delta s = s_i - s_0$ 是否等于零。若等于零，则气样中单质硫溶解达到饱和；若不等于零，则溶解反应后含硫气样中单质硫溶解量为 $s_r = \Delta s + m_s = \left(s_i - s_0\right) + \left(m_0 + m_1\right)$。测试不同温度、压力下含硫气样中单质硫的溶解量就可以求解出不同温度、压力下单质硫在含硫气样中的溶解度 $W_{s_i} = \dfrac{s_r}{V_0} = \dfrac{\left(s_i - s_0\right) + m_0 + m_1}{V_0}$。

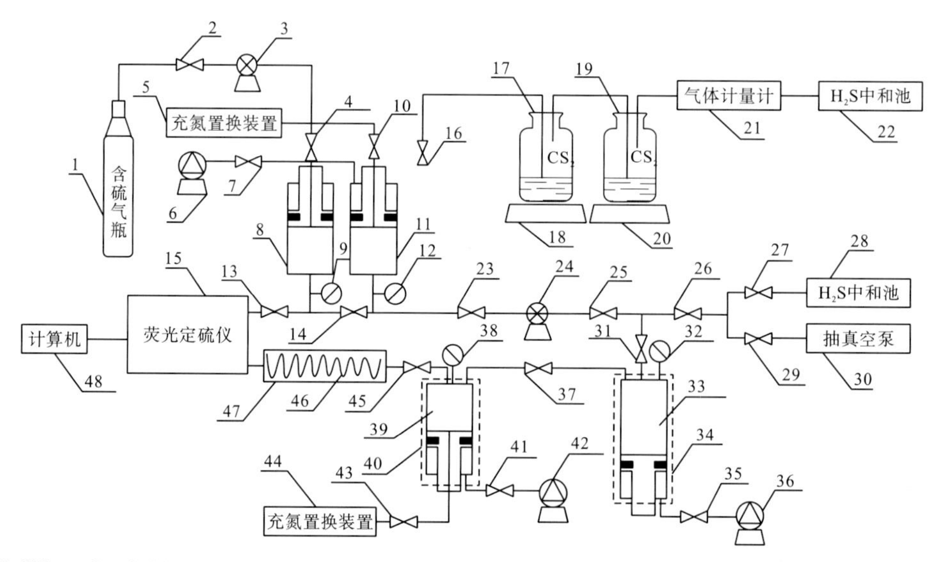

1.含硫气样瓶；2.气源控制阀；3.气体增压泵；4.活塞进气阀一；5.充氮置换装置；6.电动泵一；7.电动泵控制阀一；8.活塞式定量容器；9.压力传感器一；10.控制阀；11.单质硫测试活塞定量容器；12.压力传感器二；13.荧光定硫仪进气阀；14.气体流通阀；15.荧光定硫仪；16.单向阀；17.CS_2 吸硫容器一；18.电子天平一；19.CS_2 吸硫容器二；20.电子天平二；21.气体计量计；22.H_2S 中和池一；23.泵进气阀；24.气体增压泵二；25.管线控制阀；26.清洗尾气控制阀；27.尾气阀；28.H_2S 中和池二；29.清洗阀；30.抽真空泵；31.活塞进气阀二；32.压力传感器三；33.带搅拌高温高压活塞式定量容器；34.恒温箱装置一；35.电动泵控制阀二；36.电动泵二；37.活塞进气阀三；38.压力传感器四；39.高温高压活塞式定量容器；40.恒温箱装置二；41.电动泵控制阀三；42.电动泵三；43.充氮控制阀；44.充氮置换装置；45.单向减压阀；46.毛细管；47.恒温箱装置三；48.计算机

图 3-1　装置流程图

3.1.1 单质硫测试

步骤 1：含硫气样样品准备。在准备好的 $N+2$ 份原始含硫气样样品中随机选取一份，这 $N+2$ 份样品可以测出 N 个不同温度、压力条件下的含硫气样中硫的溶解度。

步骤 2：检查各装置和阀门的气密性，按照实验流程连接好实验装置。

步骤 3：将两个 CS_2 吸硫容器在各自的电子天平上进行称重，然后进行电子天平去皮。

步骤 4：打开气源控制阀、活塞进气阀一，启动气体增压泵一将含硫气样打入活塞式定量容器，并充满整个活塞式定量容器(V_0=500mL)，然后打开单向阀。

步骤 5：打开电动泵控制阀一，启动电动泵一，在电动泵压力作用下将含硫气样在常温 T_0 下慢慢驱替到 CS_2 吸硫容器一、CS_2 吸硫容器二中，CS_2 吸收含硫气样中的单质硫，记录压力传感器一的压力 p_0，记录电子天平一的质量变化值 m_0、电子天平二的质量变化值 m_1。

步骤 6：将反应后的气样通过气体计量装置计量通过的气体体积 V_0，通过计算 CS_2 吸硫容器一、CS_2 吸硫容器二在反应前后电子天平的质量变化差值即可求出单质硫的质量 $m_s = m_0 + m_1$，并记录实验常温为 T_0。

步骤 7：启动充氮置换装置一，清洗管线中残余的含硫气样，将其推到 H_2S 中和池一中进行吸收中和。

步骤 8：在温度为 T_0，压力为 p_0 时含硫气样中硫的溶解度可以表示为一定单位体积下硫的溶解量 $W_{s_0} = \dfrac{m_s}{V_0} = \dfrac{m_0 + m_1}{V_0}$。

3.1.2 含硫气样总硫测试

步骤 1：在原始含硫气样样品中随机再选取一份，连接好管线并检查管线有无泄漏。

步骤 2：关闭气体流通阀，打开气源控制阀、活塞进气阀一、荧光定硫仪进气阀，启动气体增压泵一，调节气体增压泵将含硫气样打入活塞式定量容器，并充满整个活塞式定量容器(V_0=500mL)。

步骤 3：打开电动泵控制阀一，启动电动泵一，在电动泵压力作用下将含硫气样在常温下全部驱替到荧光定硫仪中进行燃烧，测量含硫气样的总硫量 S_0。

步骤 4：含硫气样的总硫量测试完后，启动充氮置换装置(5)将管线中残余气样中的硫清理出去。

3.1.3 溶解反应后含硫气样总硫的测试

步骤 1：在原始含硫气样样品中随机再选取一份，连接好管线并检查管线有无泄漏。

步骤 2：关闭荧光定硫仪进气阀、单向减压阀，关闭单向阀，打开气体流通阀、泵进气阀、管线控制阀、清洗尾气控制阀、清洗阀、活塞进气阀二、压力传感器四，打开抽真空泵对管线和高温高压活塞式定量容器、带搅拌高温高压活塞式定量容器进行抽真空处理。

步骤 3：将质量为 m_r 的干燥硫粉置于带搅拌高温高压活塞式定量容器中。

步骤 4：打开气源控制阀、活塞进气阀，启动气体增压泵一将含硫气样打入并充满整个活塞式定量容器（V_0=500mL）。

步骤 5：关闭清洗尾气控制阀、清洗阀和活塞进气阀三，打开电动泵控制阀，启动电动泵一，在电动泵压力作用下将含硫气样从活塞式定量容器中驱出。

步骤 6：启动气体增压泵二，在泵压作用下将含硫气样气体全部打入带搅拌高温高压活塞式定量容器中，使含硫气样和硫粉在带搅拌高温高压活塞式定量容器（V_1=1000mL）中混合、溶解，并充满整个容器。

步骤 7：启动恒温箱装置一，调节温度为一定温度 T_i。

步骤 8：启动带搅拌高温高压活塞式定量容器中底部的搅拌装置对气样和干燥硫粉进行搅拌混合，使含硫气样和干燥质量为 m_r 的干燥硫粉进行反应并达到溶解平衡，记录压力传感器三中的压力 p_i。

步骤 9：启动恒温箱装置二，调节温度同样为一定温度 T_i。

步骤 10：关闭活塞进气阀二，打开电动泵控制阀二、活塞进气阀三，启动电动泵二，通过调节电动泵控制带搅拌高温高压活塞式定量容器的体积，将反应后容器中一半体积的气体推到高温高压活塞式定量容器中，充满整个高温高压活塞式定容器（V_2=500mL）。

步骤 11：关闭活塞进气阀三，打开电动泵控制阀三、单向减压阀，启动电动泵三，在泵压作用下将高温高压活塞式定量容器中的气体慢慢推出。

步骤 12：启动恒温箱装置三，调节温度到 T_i。

步骤 13：溶解反应后气体从高温高压活塞式定量容器被慢慢推送到毛细管中，经过毛细管缓慢降压作用进入荧光定硫仪中进行燃烧，测量反应后的总硫量。

常压下进行单质硫测试时气体体积转换公式为

$$p_0V_0 = nRT_0 \tag{3-1}$$

高温高压下溶解反应后进行含硫气样总硫的测试时气体体积转化公式为

$$p_iV_0 = ZnRT_i \tag{3-2}$$

由式(3-1)和式(3-2)可以得到：

$$\frac{p_0V_0}{T_0} = \frac{P_iV_i}{ZT_i} \tag{3-3}$$

式中，p_0——常温下的压力，MPa

T_0——常温，K

V_0——压力 p_0 时体积，m^3

p_i——反应容器中的压力，MPa

T_i——反应容器中的温度，K

V_i——反应容器中压力为 p_i 时的气体体积，m^3

R——气体常数。

步骤 14：待驱替完高温高压活塞式定量容器中的气体，打开充氮控制阀、活塞进气阀三、活塞进气阀二、清洗尾气控制阀、尾气阀，关闭单向减压阀、管线控制阀，启动充氮置换装置，将管线中残留的气体和高温高压活塞式定量容器中残留的气体，以及带搅拌高温高压活塞式定量容器中残留的气体驱出到 H_2S 中和池二中进行中和。

3.2　天然气中元素硫溶解度实验和预测模型

当元素硫溶解达到饱和状态后，将从气流中析出并可能沉积，可通过计算硫在不同温度和压力下的溶解度来表示硫的析出量，因此建立适用的元素硫溶解度预测模型十分重要。硫溶解度预测模型主要有相平衡预测法和经验关联式预测法。

3.2.1　相平衡预测模型

如果固体或液体和气体之间不存在化学反应，根据流体相平衡理论可知，当气、固或气、液两相达到相平衡时，元素硫(溶质)在气相中的逸度 f_1^{V} 和其在固相中的逸度 f_1^{S} 或液相中的逸度 f_1^{L} 相等。以固相在气相中的溶解度计算为例，当气、固两相达到相平衡时：

$$f_1^{\mathrm{S}} = f_1^{\mathrm{V}} \tag{3-4}$$

溶质在气相的逸度 f_1^{V} 可表示为

$$f_1^{\mathrm{V}} = p y_1 \hat{\phi}_1^{\mathrm{V}} \tag{3-5}$$

溶质在固相中的逸度 f_1^{S} 可表示为

$$f_1^{\mathrm{S}} = \varphi_1^{\mathrm{sat}} p_1^{\mathrm{sat}} \exp\frac{V_1^{\mathrm{S}}\left(p - p_1^{\mathrm{sat}}\right)}{RT} \tag{3-6}$$

式中，p_1^{sat}——系统温度 T 时溶质的饱和蒸气压；

V_1^{S}——溶质的摩尔体积；

φ_1^{sat}——溶质的逸度系数，此处取值为 1；

φ_1^{V}——气相中元素硫的逸度系数。

联立式(3-4)～式(3-6)，可以求出固相溶质在气体中的溶解度 y_1：

$$y_1 = \frac{p_1^{\mathrm{sat}}}{p\hat{\varphi}_1^{\mathrm{V}}} \exp\frac{V_1^{\mathrm{S}}(p - p_1^{\mathrm{sat}})}{RT} \tag{3-7}$$

溶质在气相中的分逸度系数 $\hat{\phi}_1^{\mathrm{V}}$ 可用 Peng-Robinson 状态方程计算：

$$\ln\hat{\phi}_1^{\mathrm{V}} = \frac{b_1}{b}(Z-1) - \ln(Z-B) + \frac{A}{2\sqrt{2}}\left[\frac{b_1}{b} - \frac{2}{a}\sum_{j=1}^{N} y_j a_{1j}\right] \cdot \ln\left[\frac{Z+(1+\sqrt{2})B}{Z+(1-\sqrt{2})B}\right] \tag{3-8}$$

式中，

$$a = \sum_i \sum_j (y_i y_j a_{ij}) \tag{3-9}$$

其中，$a_{ij} = (1-k_{ij})(a_i a_j)^{0.5}$，当 j=i 时，

$$a_{ii} = 0.45724 \cdot \left(\frac{R^2 T_{ci}{}^2}{p_{ci}}\right) \cdot \left[1 + (0.37464 + 1.54226\omega_i - 0.26992\omega_i^2)(1 - T_{ri}^{0.5})\right]^2$$

另外，式(3-8)中，$b=\sum_i y_i b_i$。其中 $b_i=0.0778\dfrac{RT_{ci}}{p_{ci}}$；$A=\dfrac{ap}{R^2T^2}$；$B=\dfrac{bp}{RT}$。

偏差因子 Z 可以由 Peng-Robinson 状态方程的多项式形式求得

$$Z^3-(1-B)Z^2+(A-3B^2-2B)Z-(AB-B^2-B^3)=0 \tag{3-10}$$

如果已知气体组分和固体溶质之间的相互作用系数 k_{ij}，将式(3-8)和式(3-10)代入式(3-7)中，可以求出固体在气体中的溶解度。

同理可求出液相在气体中的溶解度。

3.2.2 经验公式模型

一般的化学反应过程可用下式表示：

$$A+kB\longleftrightarrow AB_k \tag{3-11}$$

其平衡常数 K 可由逸度计算出：

$$K=\frac{[AB_k]}{[A]\cdot[B]^k} \tag{3-12}$$

式中，$[A]$——A 的逸度；

$[B]$——B 的逸度；

$[AB_k]$——AB_k 的逸度。

式(3-12)两边取对数得

$$\ln K=\ln[AB_k]-\ln[A]-k\ln[B] \tag{3-13}$$

根据平衡常数与标准焓变、熵变的关系式可得

$$\ln K=\frac{\Delta H_{\mathrm{solv}}}{RT}+q_{\mathrm{s}} \tag{3-14}$$

式中，ΔH_{solv}——溶剂的蒸发焓；

q_{s}——常数。

$$\ln[A]=\frac{\Delta H_{\mathrm{vap}}}{RT}+q_{\mathrm{v}} \tag{3-15}$$

式中，ΔH_{vap}——溶质的蒸发焓；

q_{v}——常数。

联立式(3-13)～式(3-15)得

$$\frac{\Delta H}{RT}+q+k\ln[B]=\ln[AB_k] \tag{3-16}$$

其中，$\Delta H=\Delta H_{\mathrm{solv}}+\Delta H_{\mathrm{vap}}$，$q=q_{\mathrm{s}}+q_{\mathrm{v}}$。

根据逸度的计算式：

$$[AB_k]=\frac{C_{\mathrm{r}}}{M_A+kM_B} \tag{3-17}$$

$$[B]=\frac{\rho}{M_B} \tag{3-18}$$

式中，C_{r}——溶解度；

ρ——密度；

M_A——溶质的摩尔质量；

M_B——溶剂的摩尔质量。

联立式(3-15)～式(3-17)，整理变形可得

$$\ln C_r = k\ln\rho + \frac{\Delta H}{R}\cdot\frac{1}{T} + \ln(M_A + kM_B) + q - k\ln M_B \tag{3-19}$$

可以简化常数项，使：

$$\frac{\Delta H}{R} = A \tag{3-20}$$

$$\ln(M_A + kM_B) + q - k\ln M_B = B \tag{3-21}$$

则式(3-18)可简化为

$$\ln C_r = k\ln\rho + \frac{A}{T} + B \tag{3-22}$$

进而得到计算溶解度的公式：

$$C_r = \rho^k e^{\frac{A}{T}+B} \tag{3-23}$$

Chrastil 提出了一个简单的关系式来预测高压下流体中元素硫的溶解度，可将元素硫溶解度与系统压力温度关联起来：

$$C_r = \rho^k \exp(A/T + B) \tag{3-24}$$

式中，C_r——硫的溶解度，$g\cdot m^{-3}$；

ρ——气体密度，$g\cdot cm^{-3}$；

T——温度，K；

k、A、B——常数。

国外学者 Roberts(1997)在 Chrastil 经验关联式的基础上，利用 Brunner 和 Woll(1980)针对含硫混合气体的硫溶解度实验数据，拟合出高压下元素硫溶解度的预测公式：

$$C_r = \rho^4 \exp(-4666/T - 4.5711) \tag{3-25}$$

本书的元素硫溶解度计算值需要与井筒进行耦合求解，从而对井筒硫沉积进行分析，而相平衡方法与井筒耦合求解的过程十分复杂。根据文献调研，发现 Chrastil 经验关联式计算出的硫溶解度同样具有较高精度，因此这里采用热力学经验公式模型来预测元素硫溶解度。

采用高含硫气田——YB 气田的数据来进行硫溶解度的拟合。地层温度为 152.5℃，地层压力为 66.52MPa，闪蒸实验结果见表 3-1，天然气组成见表 3-2，气体溶解度实验数据见表 3-3。

表 3-1　闪蒸实验结果表

地层压力/MPa	地层温度/℃	偏差系数 Z_g	体积系数 $B_g/10^{-3}$	密度 $\rho_g/(g\cdot m^{-3})$	黏度 $\mu_g/(mPa\cdot s)$
66.52	152.5	1.3052	2.960	0.2506	0.0333

表 3-2　YB204-1H 井天然气组成

CH_4	C_2H_6	CO_2	H_2S	N_2	He	H_2
0.9188	0.0005	0.0477	0.0270	0.0058	0.0001	0.0001

表 3-3 不同温度、压力下气体溶解度($g \cdot m^{-3}$)实验数据

压力/MPa	温度/℃								
	40	60	80	100	120	130	140	150	152.5
10	0.000	0.000	0.002	0.007	0.036	0.085	0.161	0.325	0.374
20	0.001	0.002	0.008	0.034	0.112	0.204	0.374	0.669	0.779
30	0.003	0.009	0.027	0.095	0.273	0.472	0.809	1.356	1.542
40	0.007	0.023	0.065	0.192	0.549	0.887	1.453	2.349	2.655
50	0.013	0.045	0.118	0.338	0.882	1.436	2.268	3.543	3.947
60	0.024	0.063	0.181	0.493	1.278	2.013	3.167	4.874	5.428
65	0.029	0.079	0.220	0.586	1.485	2.343	3.632	5.554	6.193
66.5	0.030	0.085	0.226	0.615	1.545	2.444	3.778	5.767	6.413

3.2.3 拟合过程

1.k 值拟合过程

根据Chrastil(1982)的研究,可根据实际数据的$\ln C_r$和$\ln\rho$的比值回归拟合得到参数k,具体拟合数据如表3-4所示。

表 3-4 k 值拟合数据

温度/K	压力/MPa	气体密度/($kg \cdot m^{-3}$)	溶解度/($kg \cdot m^{-3}$)	X: $\ln\rho$	Y: $\ln C_r$
313.15	10.0	68.63	0.000000	4.23	—
313.15	20.0	137.26	0.000001	4.92	-13.82
313.15	30.0	205.89	0.000003	5.33	-12.72
313.15	40.0	274.52	0.000007	5.62	-11.87
313.15	50.0	343.16	0.000013	5.84	-11.25
313.15	60.0	411.79	0.000024	6.02	-10.64
313.15	64.9	445.28	0.000027	6.10	-10.52
313.15	65.0	446.10	0.000029	6.10	-10.45
313.15	66.5	456.53	0.000030	6.12	-10.41
333.15	10.0	64.51	0.000000	4.17	—
333.15	20.0	129.02	0.000002	4.86	-13.12
333.15	30.0	193.53	0.000009	5.27	-11.62
333.15	40.0	258.04	0.000023	5.55	-10.68
333.15	50.0	322.55	0.000045	5.78	-10.01
333.15	60.0	387.07	0.000063	5.96	-9.67
333.15	64.9	418.55	0.000076	6.04	-9.48
333.15	65.0	419.32	0.000079	6.04	-9.45
333.15	66.5	429.13	0.000085	6.06	-9.37
353.15	10.0	60.86	0.000002	4.11	-13.12

续表

温度/K	压力/MPa	气体密度/(kg·m^{-3})	溶解度/(kg·m^{-3})	X：lnρ	Y：lnC_r
353.15	20.0	121.72	0.000008	4.80	−11.74
353.15	30.0	182.57	0.000027	5.21	−10.52
353.15	40.0	243.43	0.000065	5.49	−9.64
353.15	50.0	304.29	0.000118	5.72	−9.04
353.15	60.0	365.15	0.000181	5.90	−8.62
353.15	64.9	394.84	0.000219	5.98	−8.43
353.15	65.0	395.57	0.000220	5.98	−8.42
353.15	66.5	404.82	0.000226	6.00	−8.39
373.15	10.0	57.60	0.000007	4.05	−11.87
373.15	20.0	115.19	0.000034	4.75	−10.29
373.15	30.0	172.79	0.000095	5.15	−9.26
373.15	40.0	230.38	0.000192	5.44	−8.56
373.15	50.0	287.98	0.000338	5.66	−7.99
373.15	60.0	345.57	0.000493	5.85	−7.62
373.15	64.9	373.68	0.000578	5.92	−7.46
373.15	65.0	374.37	0.000586	5.93	−7.44
373.15	66.5	383.13	0.000615	5.95	−7.39
393.15	10.0	54.67	0.000036	4.00	−10.23
393.15	20.0	109.33	0.000112	4.69	−9.10
393.15	30.0	164.00	0.000273	5.10	−8.21
393.15	40.0	218.66	0.000549	5.39	−7.51
393.15	50.0	273.33	0.000882	5.61	−7.03
393.15	60.0	327.99	0.001278	5.79	−6.66
393.15	64.9	354.67	0.001482	5.87	−6.51
393.15	65.0	355.33	0.001485	5.87	−6.51
393.15	66.5	363.64	0.001545	5.90	−6.47
403.15	10.0	53.31	0.000085	3.98	−9.37
403.15	20.0	106.62	0.000204	4.67	−8.50
403.15	30.0	159.93	0.000472	5.07	−7.66
403.15	40.0	213.24	0.000887	5.36	−7.03
403.15	50.0	266.55	0.001436	5.59	−6.55
403.15	60.0	319.86	0.002013	5.77	−6.21
403.15	64.9	345.87	0.002326	5.85	−6.06
403.15	65.0	346.51	0.002343	5.85	−6.06
403.15	66.5	354.62	0.002444	5.87	−6.01
413.15	10.0	52.02	0.000161	3.95	−8.73
413.15	20.0	104.04	0.000374	4.64	−7.89

续表

温度/K	压力/MPa	气体密度/(kg·m^{-3})	溶解度/(kg·m^{-3})	X：lnρ	Y：lnC_r
413.15	30.0	156.06	0.000809	5.05	−7.12
413.15	40.0	208.08	0.001453	5.34	−6.53
413.15	50.0	260.10	0.002268	5.56	−6.09
413.15	60.0	312.12	0.003167	5.74	−5.75
413.15	64.9	337.50	0.003611	5.82	−5.62
413.15	65.0	338.13	0.003632	5.82	−5.62
413.15	66.5	346.03	0.003778	5.85	−5.58
423.15	10.0	50.79	0.000325	3.93	−8.03
423.15	20.0	101.58	0.000669	4.62	−7.31
423.15	30.0	152.37	0.001356	5.03	−6.60
423.15	40.0	203.16	0.002349	5.31	−6.05
423.15	50.0	253.95	0.003543	5.54	−5.64
423.15	60.0	304.74	0.004874	5.72	−5.32
423.15	64.9	329.53	0.005558	5.80	−5.19
423.15	65.0	330.14	0.005554	5.80	−5.19
423.15	66.5	337.86	0.005767	5.82	−5.16
425.65	10.0	50.49	0.000374	3.92	−7.89
425.65	20.0	100.98	0.000779	4.61	−7.16
425.65	30.0	151.48	0.001542	5.02	−6.47
425.65	40.0	201.97	0.002655	5.31	−5.93
425.65	50.0	252.46	0.003947	5.53	−5.53
425.65	60.0	302.95	0.005428	5.71	−5.22
425.65	64.9	327.59	0.006159	5.79	−5.09
425.65	65.0	328.20	0.006193	5.79	−5.08
425.65	66.5	335.87	0.006413	5.82	−5.05

如图 3-2 所示，不同温度回归拟合得到的 k 值也不同，所以取 k 的平均数：2.26。

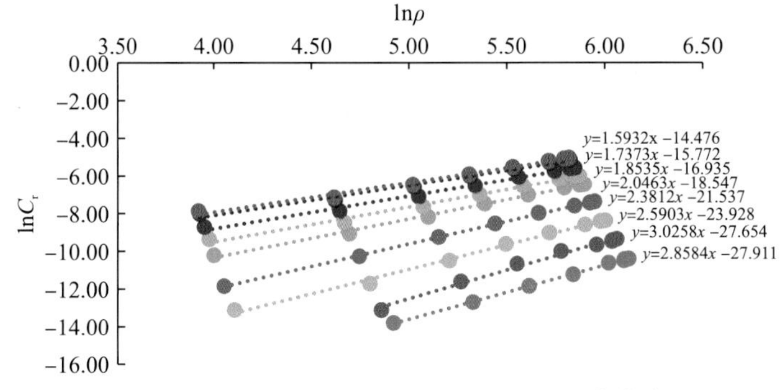

图 3-2 YB204-1H 井气体 C_r 与 ρ 的双对数曲线

2.A、B 值拟合过程

得到参数 k 以后，可进一步回归拟合得到另外两个参数 A 和 B，具体拟合数据如表 3-5 所示。

表 3-5　A、B 值拟合数据

温度/K	压力/MPa	气体密度/(kg·m^{-3})	溶解度/(kg·m^{-3})	X：$1/T$	Y：$\ln C_r-2.26\ln\rho$
313.15	10.0	68.63	0.000000	0.003193	—
333.15	10.0	64.51	0.000000	0.003002	—
353.15	10.0	60.86	0.000002	0.002832	−22.407654
373.15	10.0	57.60	0.000007	0.002680	−21.030393
393.15	10.0	54.67	0.000036	0.002544	−19.274788
403.15	10.0	53.31	0.000085	0.002480	−18.358890
413.15	10.0	52.02	0.000161	0.002420	−17.664762
423.15	10.0	50.79	0.000325	0.002363	−16.908291
425.65	10.0	50.49	0.000374	0.002349	−16.754548
313.15	20.0	137.26	0.000001	0.003193	−24.938990
333.15	20.0	129.02	0.000002	0.003002	−24.105925
353.15	20.0	121.72	0.000008	0.002832	−22.587872
373.15	20.0	115.19	0.000034	0.002680	−21.016455
393.15	20.0	109.33	0.000112	0.002544	−19.706321
403.15	20.0	106.62	0.000204	0.002480	−19.049934
413.15	20.0	104.04	0.000374	0.002420	−18.388424
313.15	30.0	205.89	0.000003	0.003193	−24.756728
333.15	30.0	193.53	0.000009	0.003002	−23.518198
353.15	30.0	182.57	0.000027	0.002832	−22.287828
373.15	30.0	172.79	0.000095	0.002680	−20.905290
393.15	30.0	164.00	0.000273	0.002544	−19.731699
403.15	30.0	159.93	0.000472	0.002480	−19.127426
413.15	30.0	156.06	0.000809	0.002420	−18.533232
423.15	30.0	152.37	0.001356	0.002363	−17.962686
425.65	30.0	151.48	0.001542	0.002349	−17.820832
313.15	40.0	274.52	0.000007	0.003193	−24.559592
333.15	40.0	258.04	0.000023	0.003002	−23.230090
353.15	40.0	243.43	0.000065	0.002832	−22.059439
373.15	40.0	230.38	0.000192	0.002680	−20.851833
393.15	40.0	218.66	0.000549	0.002544	−19.683234
403.15	40.0	213.24	0.000887	0.002480	−19.146722
413.15	40.0	208.08	0.001453	0.002420	−18.597806
423.15	40.0	203.16	0.002349	0.002363	−18.063397
425.65	40.0	201.97	0.002655	0.002349	−17.927629
313.15	50.0	343.16	0.000013	0.003193	−24.444857

续表

温度/K	压力/MPa	气体密度/(kg·m^{-3})	溶解度/(kg·m^{-3})	X：$1/T$	Y：$\ln C_r-2.26\ln\rho$
333.15	50.0	322.55	0.000045	0.003002	−23.063226
353.15	50.0	304.29	0.000118	0.002832	−21.967446
373.15	50.0	287.98	0.000338	0.002680	−20.790587
393.15	50.0	273.33	0.000882	0.002544	−19.713444
403.15	50.0	266.55	0.001436	0.002480	−19.169254
413.15	50.0	260.10	0.002268	0.002420	−18.656843
423.15	50.0	253.95	0.003543	0.002363	−18.156717
425.65	50.0	252.46	0.003947	0.002349	−18.035422
313.15	60.0	411.79	0.000024	0.003193	−24.243800
333.15	60.0	387.07	0.000063	0.003002	−23.138801
353.15	60.0	365.15	0.000181	0.002832	−21.951680
373.15	60.0	345.57	0.000493	0.002680	−20.825170
393.15	60.0	327.99	0.001278	0.002544	−19.754632
403.15	60.0	319.86	0.002013	0.002480	−19.243536
413.15	60.0	312.12	0.003167	0.002420	−18.735003
423.15	60.0	304.74	0.004874	0.002363	−18.249823
425.65	60.0	302.95	0.005428	0.002349	−18.128854
313.15	64.9	445.28	0.000027	0.003193	−24.302737
333.15	64.9	418.55	0.000076	0.003002	−23.127923
353.15	64.9	394.84	0.000219	0.002832	−21.937826
373.15	64.9	373.68	0.000578	0.002680	−20.842826
393.15	64.9	354.67	0.001482	0.002544	−19.783256
403.15	64.9	345.87	0.002326	0.002480	−19.275733
413.15	64.9	337.50	0.003611	0.002420	−18.780523
423.15	64.9	329.53	0.005558	0.002363	−18.295220
425.65	64.9	327.59	0.006159	0.002349	−18.179231
313.15	65.0	446.10	0.000029	0.003193	−24.235454
333.15	65.0	419.32	0.000079	0.003002	−23.093384
353.15	65.0	395.57	0.000220	0.002832	−21.937446
373.15	65.0	374.37	0.000586	0.002680	−20.833256
393.15	65.0	355.33	0.001485	0.002544	−19.785410
403.15	65.0	346.51	0.002343	0.002480	−19.272627
413.15	65.0	338.13	0.003632	0.002420	−18.778901
423.15	65.0	330.14	0.005554	0.002363	−18.300116
425.65	65.0	328.20	0.006193	0.002349	−18.177902
313.15	66.5	456.53	0.000030	0.003193	−24.253793
333.15	66.5	429.13	0.000085	0.003002	−23.072422
353.15	66.5	404.82	0.000226	0.002832	−21.962780
373.15	66.5	383.13	0.000615	0.002680	−20.837194
393.15	66.5	363.64	0.001545	0.002544	−19.798041

续表

温度/K	压力/MPa	气体密度/$(kg\cdot m^{-3})$	溶解度/$(kg\cdot m^{-3})$	X：$1/T$	Y：$\ln C_r-2.26\ln\rho$
403.15	66.5	354.62	0.002444	0.002480	−19.282664
413.15	66.5	346.03	0.003778	0.002420	−18.791730
423.15	66.5	337.86	0.005767	0.002363	−18.314723
425.65	66.5	335.87	0.006413	0.002349	−18.195235

如图 3-3 所示，不同压力回归拟合得到的 A、B 值也不同，所以 A、B 值取平均数：A=−7742 和 B=0.023。

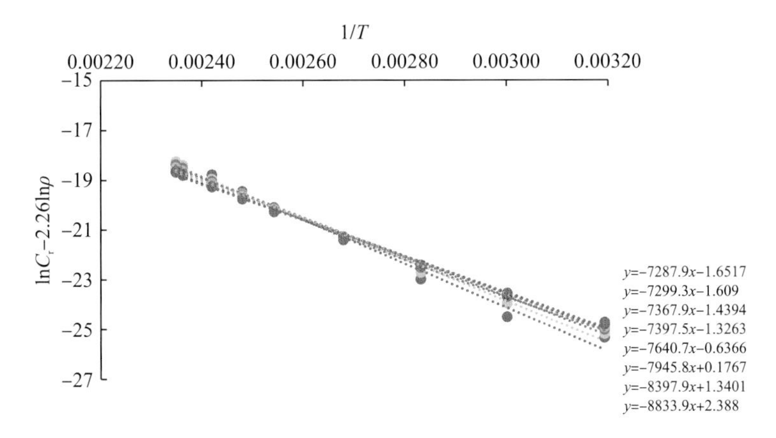

图 3-3　回归拟合 A、B 值

3.2.4　拟合结果

根据回归拟合过程，得到 k=2.26，A=−7742，B=0.023。所以适合于 YB 气田的 Chrastil 硫溶解度公式为

$$C_r=\rho^{2.26}e^{0.023-\frac{7742}{T}} \tag{3-26}$$

用式(3-26)计算预测溶解度，再与实测值进行对比，结果如图 3-4～图 3-11 所示。

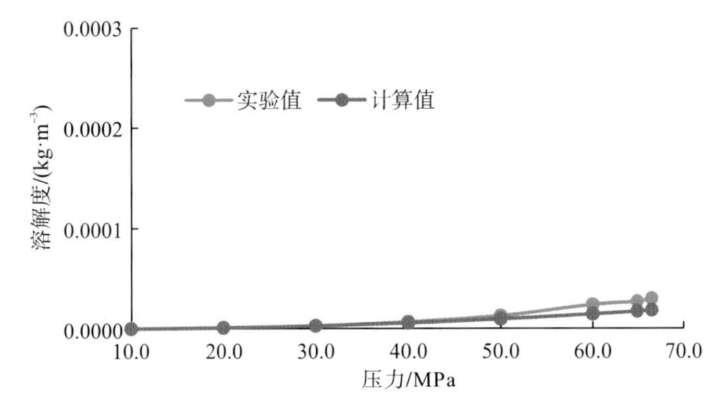

图 3-4　313.15K 时理论值与实际值对比

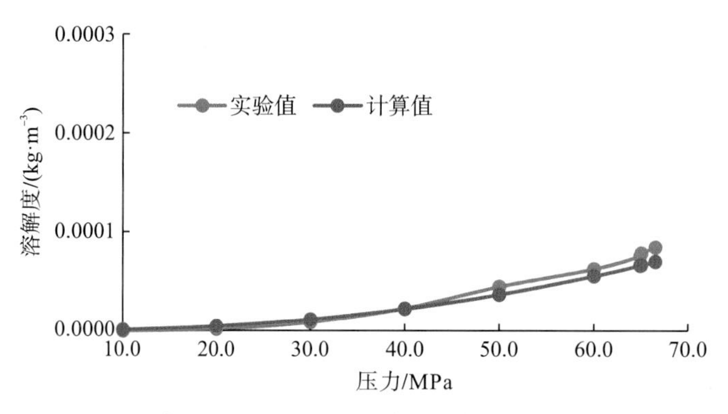

图 3-5 333.15K 时理论值与实际值对比

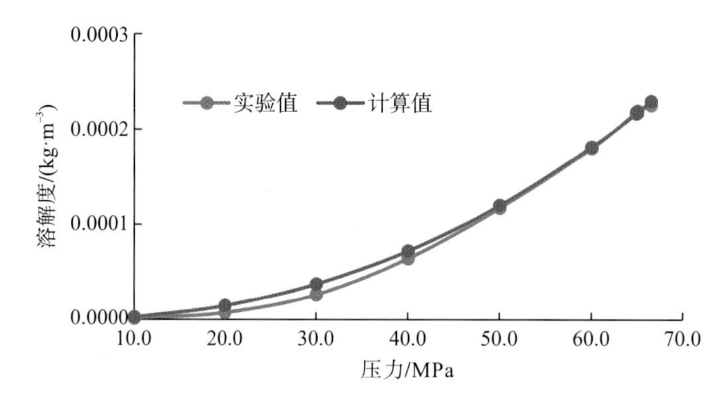

图 3-6 353.15K 时理论值与实际值对比

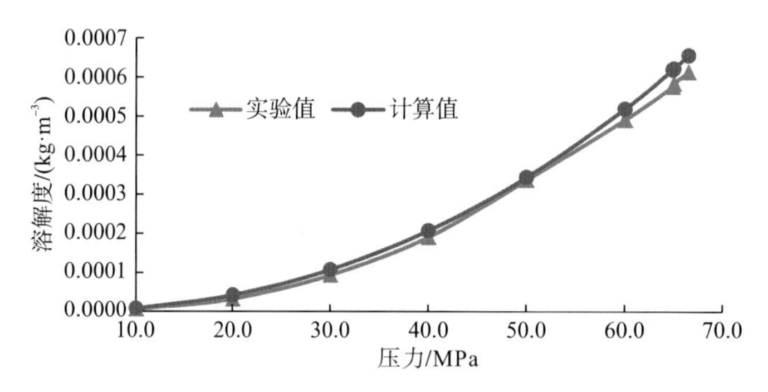

图 3-7 373.15K 时理论值与实际值对比

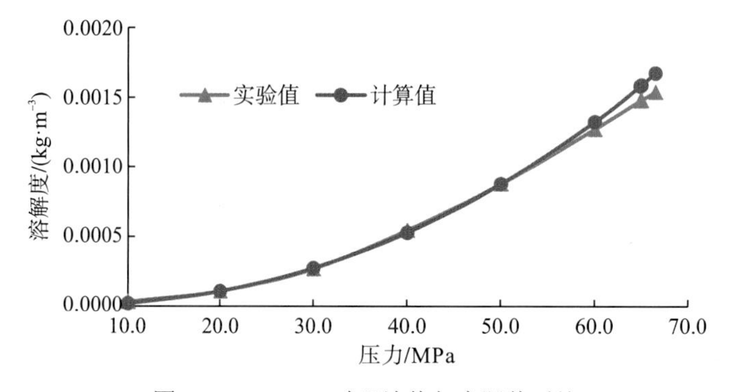

图 3-8 393.15K 时理论值与实际值对比

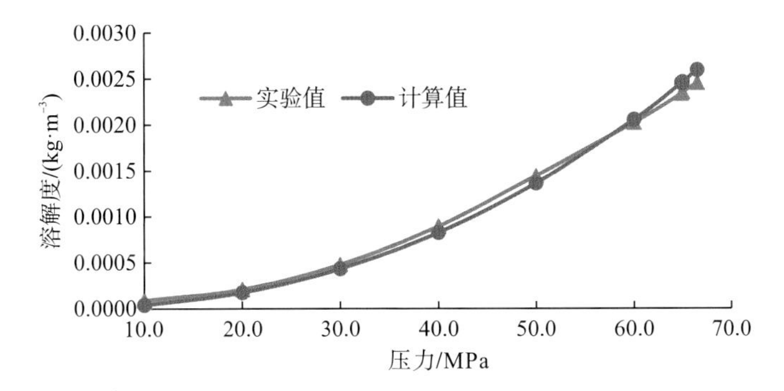

图 3-9　403.15K 时理论值与实际值对比

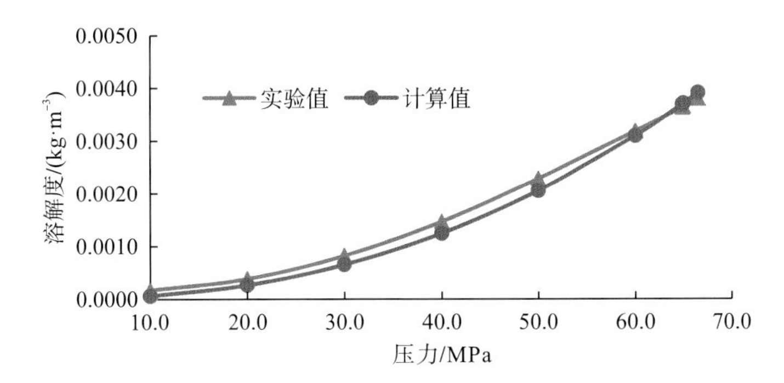

图 3-10　413.15K 时理论值与实际值对比

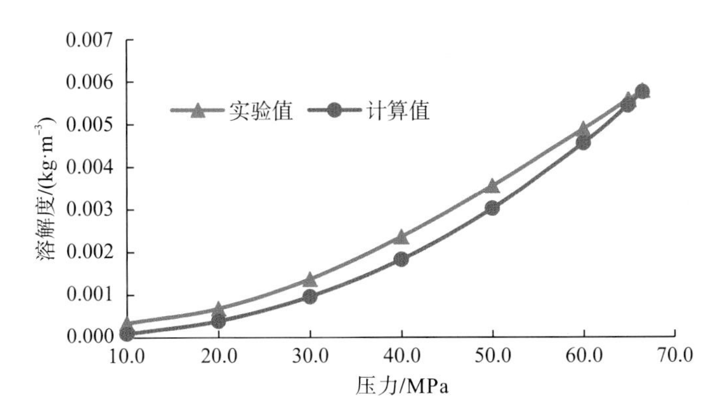

图 3-11　423.15K 时理论值与实际值对比

根据图 3-4～图 3-11 可以看出，总体而言，拟合结果与实际值较为接近，误差较小。但是，当温度超过 403K 时，拟合结果误差增大，说明该方法适合在 403K 以下计算溶解度。

3.3　Chrastil 模型的影响因素排序

首先，由于气体中的硫化氢和元素硫的物理、化学反应特别复杂，其对硫溶解度的影响仅凭借 Chrastil 模型无法真实地反映出来，所以本章中的影响因素排序是在硫化氢含量一定的条件下探讨的。

适合于 YB 气藏的 Chrastil 硫溶解度公式如下：

$$C_{\mathrm{r}}=\rho^{2.26}\,\mathrm{e}^{0.023-\frac{7742}{T}} \tag{3-27}$$

其中，天然气密度可用下式计算：

$$\rho=3483.28r_{\mathrm{g}}\frac{p}{TZ} \tag{3-28}$$

式中，r_{g}——天然气的相对密度；

Z——压缩因子。

将式(3-28)代入式(3-27)可得

$$C_{\mathrm{r}}=M_1\left(\frac{P}{TZ}\right)^{2.26}r_{\mathrm{g}}^{2.26}\mathrm{e}^{\left(0.023-\frac{7742}{T}\right)} \tag{3-29}$$

其中，M_1 为一常数，M_1=3483.28$^{2.26}$。

利用指数函数的关系：

$$\mathrm{e}^{\left(0.023-\frac{7742}{T}\right)}=T^{\log_T \mathrm{e}^{\left(0.023-\frac{7742}{T}\right)}} \tag{3-30}$$

可将式(3-28)改写为

$$C_{\mathrm{r}}=M_1\left(\frac{p}{TZ}\right)^{2.26}r_{\mathrm{g}}^{2.26}T^{\log_T \mathrm{e}^{\left(0.023-\frac{7742}{T}\right)}} \tag{3-31}$$

替换系数后，式(3-31)可简化为

$$C_{\mathrm{r}}=M_2p^aT^br_{\mathrm{g}}^c \tag{3-32}$$

式中，

$$\begin{cases}a=2.26\\ b=-2.26+\log_T \mathrm{e}^{\left(0.023-\frac{7742}{T}\right)}\\ c=2.26\end{cases} \tag{3-33}$$

因为压缩因子 Z 为一个校正系数，无因次，所以 M_2 为一常数：

$$M_2=M_1\cdot Z^{-2.26}=3483.28^{2.26}\cdot Z^{-2.26} \tag{3-34}$$

根据溶解度的公式，比较各参数指数的绝对值，可得到各因素对溶解度影响程度的大小。

显然：

$$0.023-\frac{7742}{T}<0 \tag{3-35}$$

则：

$$\mathrm{e}^{\left(0.023-\frac{7742}{T}\right)}<1 \tag{3-36}$$

因此：

$$\log_T \mathrm{e}^{\left(0.023-\frac{7742}{T}\right)}<0 \tag{3-37}$$

所以：

$$|b| > 2.26 = |a| = |c| \tag{3-38}$$

即溶解度的影响因素排序为

$$T > p = r_g \tag{3-39}$$

另外，相对密度可由气体组分得到：

$$r_g = \frac{\sum_{i=1}^{n} y_i M_i}{28.96} \tag{3-40}$$

式中，y_i——天然气组分 i 的摩尔分数，小数；

M_i——组分 i 的摩尔质量。

因此可以看出：单个组分对溶解度的影响小于气体相对密度对溶解度的影响，且分子量越大的组分影响程度越大。所以：

$$r_g > y_{CO_2} = y_{C_3H_8} > y_{C_2H_6} > y_{CH_4}$$

因此，对溶解度的影响程度：

$$T > p > y_{CO_2} = y_{C_3H_8} > y_{C_2H_6} > y_{CH_4}$$

随着温度的增加，$|b|$ 减小，说明随着温度升高，其对于溶解度的影响程度逐渐降低。

总结如下：

(1) 利用 YB204-1H 井天然气的溶解度实际数据，回归拟合出适合于 YB 气藏的 Chrastil 经典硫溶解度模型 1：$C_r = \rho^{2.34} e^{14.109 - \frac{7995}{T}}$。

(2) 各因素对元素硫在酸性气体中的溶解度的影响程度大小排序为：温度、压力、二氧化碳含量、重烃含量及甲烷含量等。可以用下面的式子简单表示：

$$C_r = f(T)(p)(CO_2)(C_3H_8)(C_2H_6)(CH_4)$$

（影响程度由大到小 →）

（3）温度、压力和气体组成是影响硫溶解度最主要的三个参数。在天然气中，随着温度和压力的升高，硫的溶解度也相应增大。反之，当压力或温度下降时，元素硫将从饱和气流中析出。

3.4　硫溶解度预测模型改进

高含硫气藏中 H_2S 具有高腐蚀性和剧毒性，除此之外，其与常规气藏最大的不同在于硫的沉积。在开采过程中，随着地层压力不断下降，元素硫在酸性气体中的溶解度也随之降低，在达到临界饱和态后，元素硫就会析出并沉积在孔隙或喉道中，致使储集层孔隙度、渗透率降低。在地层、井底或油管内出现沉积，当沉积量到一定程度时，可能造成气井的减产甚至停产。因此，准确地预测酸性气体中硫溶解度的变化并及时根据实际情况来调整开发策略，具有十分重要的意义。

随着科技的迅猛发展，使得通过实验测定某些物质的基础数据成为可能，同时，也能实测某些混合物的数据，比如，可以用实验测取某种条件下元素硫在高含硫气体中的溶解度。但通过实验测定所有不同情况下的数据是不现实的，何况高温、高压下的实验工作难度很大。为了对实验数据进行适当扩充，方便以后的实际生产预测工作，本书基于经验公式预测法——Chrastil 模型，对模型本身进行改进，得到元素硫溶解度预测新模型。

3.4.1 Chrastil 模型的改进

自从 Roberts(1997)根据实验数据拟合出一套系数后，Chrastil 模型就被国内外研究者广泛地应用于预测元素硫在酸性气体中的溶解度。但是，Roberts 在拟合系数时并未给出系数的适用范围和气体组分条件，本书对 Chrastil 模型的相关理论进行了充分的研究，并针对该模型在拟合系数后所预测的结果精度仍然不理想的情况，对 Chrastil 模型进行了修正，同时提出了一套新模型系数拟合新方法，建立了 3 个参数(温度、压力、气体密度)的硫溶解度预测新模型。

3.4.2 Chrastil 模型改进后的新模型

针对 3.2.2 节的分析，对 Chrastil 溶解度模型作出改进，将密度项除一个 M(摩尔质量)，同时采用变常数法将常系数 k 看成温度的函数，可得到下式：

$$C_{\mathrm{r}}=\left(\rho/M\right)^{k(T)}\cdot\exp\left(\frac{a}{T}+b\right) \tag{3-41}$$

式中，k——温度系数；

a、b——常数系数，$a=\dfrac{\Delta H}{R}$，$b=\ln(M_A+kM_B)+q$。

3.4.3 新模型相关参数的拟合方法

1.温度系数 $k(T)$ 的确定

将式(3-41)两边求对数可得

$$\ln C_{\mathrm{r}}=k(T)\cdot\ln(\rho/M)+a/T+b \tag{3-42}$$

由式(3-42)可知，对于某一个确定的 M 值，利用实验数据，即利用某一温度下不同密度值所对应的溶解度值，做出 $\ln C_{\mathrm{r}}$ 与 $\ln\left(\rho/M\right)$ 的数据点图。根据这些点拟合出一条直线，该直线的斜率即为某温度对应的 k 值。同理，可以求出同组分下不同温度对应的 k 值。再根据这些不同温度下的 k 值来拟合出温度系数 $k(T)$，对于温度系数的具体形式，可能是线性、二次型，或对数型。为了研究方便，本书模型中，温度系数 $k(T)$ 采用如下线性形式：

$$k(T)=k_{\mathrm{a}}(T-373.15)+k_{\mathrm{b}} \tag{3-43}$$

式中，k_{a}——温度系数 $k(T)$ 与温度 T 的函数的斜率；

k_{b}——截距。

2.常系数 a、b 的确定

令 $y = \ln C_{\mathrm{r}} - k(T) \cdot \ln(\rho/M)$， $x = 1/T$，则式(3-42)可变为

$$y = a \cdot x + b \tag{3-44}$$

同理，对于某一个确定的 M 值，利用某一温度下不同密度值所对应的溶解度值，可以计算出 y 值。再根据不同温度值拟合出一条直线，该直线的斜率即为该体系组分对应的 a 值，截距为 b 值。

3.M 值的确定

通过前面对 Chrastil 溶解度模型的分析可知，若反应体系是元素硫与硫化氢气体，则存在如下化学反应式：

$$H_2S + kS \xleftrightarrow{\text{一定温度和压力}} H_2S_{k+1}$$

M 值为反应体系中元素硫的摩尔质量，即 M_{S}。而高温、高压下元素硫在酸性混合气体中的溶解既存在化学溶解，又存在物理溶解，并不是单一的溶解形式。并且元素硫在不同的温度和压力下，呈现出不同的关联式。所以仅根据元素硫的摩尔质量来确定 M 值并不是一种可靠的方式。为了能够找到某组酸性混合物体系的最佳 M 值，本书采用循环法，使所得到的新模型系数在预测实验数据时的误差达到最小。

3.4.4　新模式数据拟合与误差验证

1.数据的选取

国外学者 Brunner 和 Woll(1980)通过实验分别测试了 H_2S 与 CH_4、CO_2、N_2 以不同比例组成的混合气体在不同温度和压力下的溶解度。本书对其实验所测得的两组实验数据进行分析和处理。选取组分密度、温度、压力 3 个因素，进行模型系数拟合，BW1 组分($66\%CH_4+20\%H_2S+10\%CO_2+4\%N_2$)原数据处理之后的数据如表 3-6 所示。

表 3-6　BW1 组分实验数据

因素			硫含量	
温度/K	压力/MPa	气体密度/(kg·m^{-3})	溶解度/(g·m^{-3})	质量分数
373.15	20	164	0.208	0.0202
373.15	40	282	0.789	0.0767
373.15	52	327	1.420	0.1380
373.15	60	350	1.990	0.1940
393.15	10	74	0.115	0.0112
393.15	30	213	0.749	0.0729
393.15	45	282	1.790	0.1740
393.15	60	331	3.140	0.3050
413.15	10	69	0.220	0.0214
413.15	30	198	1.100	0.1070

续表

因素			硫含量	
温度/K	压力/MPa	气体密度/(kg·m^{-3})	溶解度/(g·m^{-3})	质量分数
413.15	45	264	2.670	0.2600
413.15	60	313	4.450	0.4330
433.15	10	65	0.352	0.0342
433.15	30	185	1.650	0.1600
433.15	40	231	2.650	0.2580
433.15	50	267	4.290	0.4160

BW2 组分($65\%CH_4+17\%H_2S+10\%CO_2+8\%N_2$)原数据处理之后的数据如表 3-7 所示。

表 3-7 BW2 组分实验数据

因素			硫含量	
温度/K	压力/MPa	气体密度/(kg·m^{-3})	溶解度/(g·m^{-3})	质量分数
373.15	20	160	0.157	0.0147
373.15	30	225	0.202	0.0189
373.15	40	274	0.373	0.0349
373.15	50	312	0.562	0.0526
373.15	60	343	0.849	0.0794
393.15	10	74	0.108	0.0101
393.15	30	208	0.399	0.0373
393.15	45	275	1.006	0.0941
393.15	60	324	1.680	0.1570
413.15	10	69	0.166	0.0155
413.15	30	194	0.698	0.0653
413.15	45	259	1.430	0.1340
413.15	60	307	2.420	0.2260
433.15	10	65	0.285	0.0267
433.15	30	182	1.040	0.0972
433.15	45	245	2.110	0.1970
433.15	60	292	3.450	0.3230

在某温度、压力下，出现两组或三组不同的溶解度数据时，可结合相关文献中相同条件下的实验数据对比，保留数据相近的一组数据。

2.新模型拟合、预测与误差检验

根据上文中模型系数拟合的方法，并结合 Brunner 和 Woll 的实验数据，可得到以下相关模型。

对于 BW1 组分（66%CH_4+20%H_2S+10%CO_2 +4%N_2）的实验数据。预测模型如下：

(1) 当体系压力大于 30MPa 时：

$$\begin{cases} C_r = \left(\dfrac{\rho}{250}\right)^{k(T)} \exp\left(\dfrac{-5.3368}{(T-273.15)/100} + 4.6126\right) \\ k(T) = -0.025784(T-373.15) + 4.0432 \end{cases} \tag{3-45}$$

(2) 当体系压力小于或等于 30MPa 时：

$$\begin{cases} C_r = \left(\dfrac{\rho}{540}\right)^{k(T)} \exp\left(\dfrac{-1.8055}{(T-273.15)/100} + 3.0398\right) \\ k(T) = -0.015968(T-373.15) + 2.288 \end{cases} \tag{3-46}$$

通过上述数学模型和实验数据，利用 MATLAB 编程，计算出元素硫在组分 BW1 中的溶解度值，如图 3-12 所示。

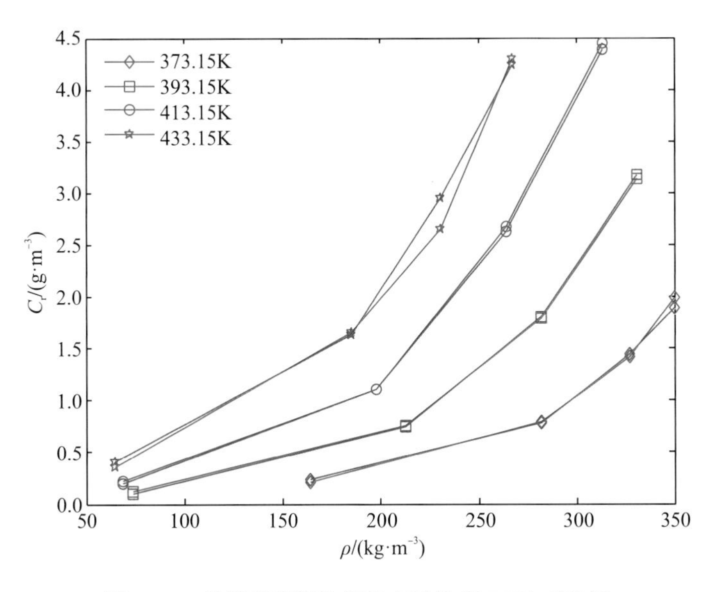

图 3-12 新模型预测数据和实验数据 BW1 对比图

图 3-12 中红线部分为实验数据，蓝线部分为新模型预测的数据，从图中才可以看得出来，新模型所计算的数据基本上与实验数据重合，可见新模型的准确度很高，不同温度下的误差数据如表 3-8 所示。

表 3-8 BW1 误差数据对比

温度/K	373.15	393.15	413.15	433.15
不同压力点的相对误差	0.0810 (20MPa)	0.1932 (10MPa)	0.1211 (10MPa)	0.1500 (10MPa)
	0.0150 (40MPa)	0.0071 (30MPa)	0.0001 (30MPa)	0.0139 (30MPa)
	0.0108 (52MPa)	0.0080 (45MPa)	0.0172 (45MPa)	0.1110 (45MPa)
	0.0506 (60MPa)	0.0111 (60MPa)	0.0153 (60MPa)	0.0149 (60MPa)
平均相对误差	0.0394	0.0548	0.0384	0.0725

从表 3-8 中可知，不同温度、压力下，新模型的预测值与实验值非常接近，相对误差基本在 1%左右，误差较大的预测值点处于低压下的预测值。其原因可能是在低压下，元素硫在酸性气体中的溶解度太小，即使预测值和实验值接近，其相对误差也会较大。当压力低于 10MPa 时，元素硫在酸性混合气体中的溶解度非常小，使得预测误差过大，同时压力太低，不符合实际情况，没有研究意义。经过计算可知，不同温度下的平均相对误差为 3%～8%，而整个数据的平均相对误差为 5.13%，预测精度较高。

对于 BW2 组分(65%CH_4+17%H_2S+10%CO_2 +8%N_2)的实验数据，预测模型如下：

(1)当体系压力大于或等于 30MPa 时：

$$\begin{cases} C_r = \left(\dfrac{\rho}{300}\right)^{k(T)} \exp\left(\dfrac{-5.1258}{(T-273.15)/100} + 4.4911\right) \\ k(T) = -0.015289(T-373.15) + 3.4122 \end{cases} \tag{3-47}$$

(2)当体系压力小于 30MPa 时：

$$\begin{cases} C_r = \left(\dfrac{\rho}{280}\right)^{k(T)} \exp\left(\dfrac{-5.43427}{(T-273.15)/100} + 3.9978\right) \\ k(T) = 0\cdot(T-373.15) + 1.3037 \end{cases} \tag{3-48}$$

通过上述数学模型和实验数据，利用 MATLAB 编程，计算出元素硫在组分 BW2 中的溶解度值，如图 3-13 所示。

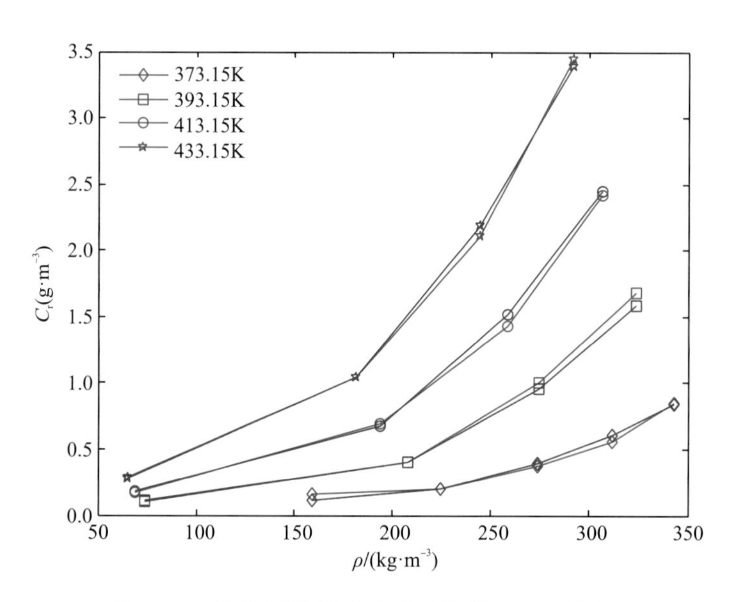

图 3-13 新模型预测数据和实验数据 BW2 对比图

图 3-13 中红线部分为实验数据，蓝线部分为新模型预测的数据，从图中才可以看得出来，新模型所计算的数据基本上与实验数据重合，可见新模型的准确度很高，不同温度下的误差数据如表 3-9 所示。

表 3-9　BW2 误差数据对比

温度/K	373.15	393.15	413.15	433.15
不同压力点的相对误差	0.269869(20MPa)	0.03921(10MPa)	0.089671(10MPa)	0.046179(10MPa)
	0.016700(30MPa)	0.000685(30MPa)	0.031025(30MPa)	0.001385(30MPa)
	0.043047(40MPa)	0.0551(45MPa)	0.062446(45MPa)	0.036156(45MPa)
	0.078296(50MPa)	0.058349(60MPa)	0.010701(60MPa)	0.018165(60MPa)
	0.01385(60MPa)			
平均相对误差	0.0844	0.0383	0.0485	0.0255

从表 3-9 中可知，不同温度、压力下，新模型的预测值与实验值非常接近，相对误差基本为 1%～5%，误差较大的预测值点处于低压低温下的预测值。其原因可能是在低压下，元素硫在酸性气体中的溶解度太小，即使预测值和实验值接近，其相对误差也会较大。经过计算可知，不同温度下的平均相对误差为 2%～9%，而整个数据的平均相对误差为 5.12%，预测精度较高。

第4章　考虑液硫吸附和应力敏感的硫饱和度模型研究

原本溶于气相的单质硫，在超过饱和状态后会从气相析出，依次沉积在孔隙空间和喉道，造成孔隙和渗透率损失。几十年来，围绕井筒的元素硫沉积建模主要集中在气藏上，并以达西流为基础。最近有研究表明，模型能够预测元素硫沉积，也考虑到了非达西流动、液硫的吸附效应以及压实引起的渗透率降低。因此，如果压实导致储层渗透率和孔隙度降低，那么压实引起的孔隙度损伤函数就成了一个关键因素，需要将其纳入现有模型中，以充分预测硫饱和度。本研究旨在通过探索压实与元素硫沉积之间的函数关系，建立预测储层中元素硫饱和度的精确模型。新改进模型得到的结果与常见模型的预测结果不一致，这一变化可能是常见模型未考虑到硫的吸附以及硫沉积速率的影响。由于改进后的模型考虑到了析出的液态硫吸附的影响，所以在预测酸性气藏的硫沉积过程中具有较高的精度和实用性。

为了建立和求解数学模型，进行了以下假设：

(1) 高含硫气藏中溶解的硫，其溶解形式均为化学形式和物理形式；

(2) 高含硫气藏中的温度恒定且在硫的凝固点以上，从混合气体中析出的硫呈现为液态；

(3) 原始地层压力下，气藏中溶解的硫呈饱和状态，并且在随着压力下降的过程中，析出的液态硫不会被混合气体携带着朝压力降低的方向流动，而是最终吸附并且沉积在储层孔隙或喉道中。

稳定径向渗流模型如图 4-1 所示。

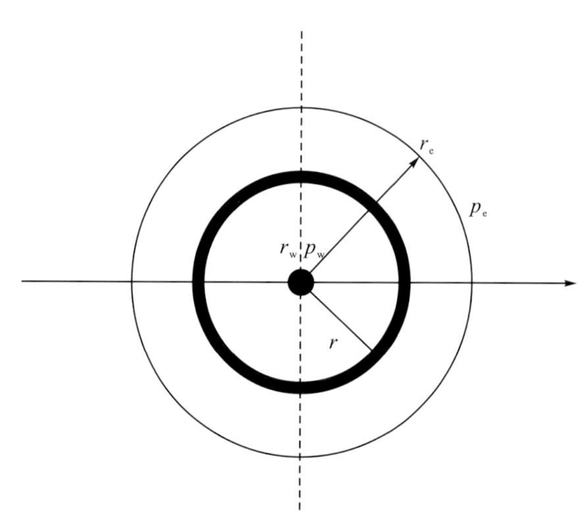

p_e.地层外边界压力；r.径向断面半径；r_w.油井半径；r_e.地层外边界半径；p_w.井底流压

图 4-1　平面径向渗流模型

4.1　达西流动时的硫饱和度模型

当含硫天然气在地层渗流时，储层岩石孔隙内表面从含硫天然气中吸附硫分子的过程可以采用 Langmuir 公式进行计算，根据 Langmuir 吸附公式的定义，原本应当考虑的是硫在天然气中的浓度，在这里假设溶解在天然气中的硫处于饱和状态，则可以用硫的溶解度近似代替硫在天然气中的浓度，其吸附量 (F) 表达式如下：

$$F=\frac{ac}{1+bc} \tag{4-1}$$

将式(4-1)对时间求导，得到单位时间下单位岩石孔隙体积内岩石孔隙内表面的吸附量，即硫的吸附速率。假设 $\mathrm{d}t$ 时间内溶解度的变化量记为 Δc，则液硫吸附量关系式可以表示为

$$f=\frac{\mathrm{d}F}{\mathrm{d}t}=\frac{a(1+bc)-abc}{(1+bc)^2}\frac{\mathrm{d}c}{\mathrm{d}t}=\frac{a}{(1+bc)^2}\frac{\mathrm{d}c}{\mathrm{d}t} \tag{4-2}$$

式中，f——单位时间内吸附的硫分子量，$\mathrm{g/m^3}$；

c——天然气中硫的溶解度，$\mathrm{g/m^3}$；

a、b——实验常数。

式(4-2)经过整理可以得到单位时间内硫分子吸附量为

$$F=\frac{a\Delta c}{(1+b\Delta c)^2} \tag{4-3}$$

由于受到吸附效应作用的影响，此时硫沉积体积为

$$\mathrm{d}V_1=2\pi r\mathrm{d}rh\varphi(1-S_{\mathrm{wi}})\frac{a\Delta c}{(1+b\Delta c)^2\rho_{\mathrm{s}}} \tag{4-4}$$

式中，φ——气藏孔隙度，%；

h——地层厚度，m；

S_{wi}——地层缚束水饱和度。

由于硫的沉积作用，使得天然气在地层孔隙中的体积减小，气体的体积可以表示为

$$\mathrm{d}V_2=2\pi hr\mathrm{d}r\varphi(1-S_{\mathrm{wi}})\left(1-\frac{a\Delta c}{(1+b\Delta c)^2\rho_{\mathrm{s}}}\right) \tag{4-5}$$

在单位时间内，元素硫在孔隙中的体积(Roberts，1997)表示为

$$\mathrm{d}V_{\mathrm{s}}=\frac{qB_{\mathrm{g}}}{\rho_{\mathrm{s}}}\left(\frac{\mathrm{d}c}{\mathrm{d}p}\right)\mathrm{d}p\mathrm{d}t \tag{4-6}$$

式中，V_{s}——沉淀硫体积，$\mathrm{m^3}$；

q——经向断面上的渗流速度，$\mathrm{m\cdot s^{-1}}$；

B_{g}——地层流体的体积系数，无因次；

ρ_{s}——硫密度，$2.07\mathrm{g\cdot cm^{-3}}$；

t——生产时间，d。

多孔介质中硫饱和度 S_{s} 定义为沉积硫体积与径向距离处的孔隙体积之比：

$$\mathrm{d}S_{\mathrm{s}}=\frac{\mathrm{d}V_{\mathrm{s}}}{\mathrm{d}V_{2}}=7.687\times10^{-4}\frac{qB_{\mathrm{g}}}{rh\varphi(1-S_{\mathrm{wi}})\left(1-\dfrac{a\Delta c}{(1+b\Delta c)^{2}\rho_{\mathrm{s}}}\right)}\frac{\mathrm{d}c}{\mathrm{d}p}\frac{\mathrm{d}p}{\mathrm{d}r}\mathrm{d}t \tag{4-7}$$

流体在做平面径向达西渗流时，其压降的关系式可以表示为

$$\frac{\mathrm{d}p}{\mathrm{d}r}=1.842\times10^{4}\frac{\mu qB_{\mathrm{g}}}{rhKK_{\mathrm{rg}}} \tag{4-8}$$

式中，K——瞬时渗透率；

K_{rg}——气相相对渗透率；

μ——地层流体黏度，mPa·s。

则流体做达西渗流时，元素硫的饱和度关系式为

$$\frac{\mathrm{d}S_{\mathrm{s}}}{\mathrm{d}t}=1.417\times10^{-4}\frac{\mu q^{2}B_{\mathrm{g}}^{2}}{r^{2}h^{2}\varphi KK_{\mathrm{rg}}(1-S_{\mathrm{wi}})\left(1-\dfrac{a\Delta c}{(1+b\Delta c)^{2}\rho_{\mathrm{s}}}\right)}\frac{\mathrm{d}c}{\mathrm{d}p} \tag{4-9}$$

Kuo（1972）提出的气相相对渗透率（K_{rg}）与硫饱和度的经验关系为

$$\ln K_{\mathrm{rg}}=\alpha S_{\mathrm{s}} \tag{4-10}$$

式中，α——实验常数。

Civan 等（1989）提出了瞬时渗透率（K）与原始渗透率（K_{i}）之比与孔隙度的函数关系

$$\frac{K}{K_{\mathrm{i}}}=\left(\frac{\varphi}{\varphi_{\mathrm{i}}}\right)^{m} \tag{4-11}$$

式中，m——实验常数。

Fadairo 等（2012）通过将 Kuo（1972）给出的相对渗透率函数纳入 Civan 等（1989）给出的渗透-孔隙关系，提出了元素硫沉淀导致的孔隙损伤函数，并推导出初始孔隙度 φ 、瞬时孔隙度 φ_{i} 和元素硫饱和度 S_{s} 之间的关系。

$$\ln\frac{\varphi}{\varphi_{\mathrm{i}}}=\frac{\alpha S_{\mathrm{s}}}{m} \tag{4-12}$$

对于高含硫裂缝性储层，应力引起的渗透率降低可以用下式表示，该式与渗透性和压实度有关（郭肖和周小涪，2015）。

$$\ln\frac{K}{K_{\mathrm{i}}}=-\lambda(p_{\mathrm{i}}-p) \tag{4-13}$$

式中，λ——渗透模量，用于表征渗透应力敏感性程度；

p_{i}——初始压力；

p——当前压力。

将式（4-11）代入式（4-13）可得

$$\ln\frac{\varphi}{\varphi_{\mathrm{i}}}=-\frac{\lambda(p_{\mathrm{i}}-p)}{m} \tag{4-14}$$

联立式（4-12）可得

$$\ln\frac{\varphi K}{\varphi_{\mathrm{i}}K_{\mathrm{i}}}=\alpha S_{\mathrm{s}}-\frac{\lambda\Delta p}{m} \tag{4-15}$$

变形可得

$$\varphi K = \varphi_{\mathrm{i}} K_{\mathrm{i}} \mathrm{e}^{\alpha S_{\mathrm{s}} - \frac{\lambda \Delta p}{m}} \tag{4-16}$$

代入硫的饱和度公式可以得到考虑储层岩石应力敏感和液硫吸附影响的硫的饱和度关系式为

$$\frac{\mathrm{d}S_{\mathrm{s}}}{\mathrm{d}t} = 1.417 \times 10^{-4} \frac{\mu q^2 B_{\mathrm{g}}^2}{r^2 h^2 (1 - S_{\mathrm{wi}}) \left(1 - \dfrac{a\Delta c}{(1 + b\Delta c)^2 \rho_{\mathrm{s}}}\right) \varphi_{\mathrm{i}} K_{\mathrm{i}} \mathrm{e}^{\alpha S_{\mathrm{s}} - \frac{\lambda \Delta P}{m}}} \frac{\mathrm{d}c}{\mathrm{d}p} \tag{4-17}$$

其中，

$$B_{\mathrm{g}} = \frac{p_{\mathrm{sc}}}{Z_{\mathrm{sc}} T_{\mathrm{sc}}} \frac{ZT}{p} = 3.4582 \times 10^{-4} \frac{ZT}{p} \tag{4-18}$$

式中，p_{sc}——标准状况下的气体压力，MPa；

Z_{sc}——标准状况下的气体压缩因子，无因次；

T_{sc}——标准状况下的气体温度，K；

Z——压缩因子，无因次。

令：

$$A = 1.417 \times 10^{-4} \frac{\mu B_{\mathrm{g}}^2}{r^2 h^2 \varphi_{\mathrm{i}} K_{\mathrm{i}} (1 - S_{\mathrm{wi}}) \left(1 - \dfrac{a\Delta c}{(1 + b\Delta c)^2 \rho_{\mathrm{s}}}\right)} \frac{\mathrm{d}c}{\mathrm{d}p} \tag{4-19}$$

随着储层压力的降低，硫的溶解度随压力变化的函数关系式为

$$\frac{\mathrm{d}c}{\mathrm{d}p} = 2.5307 \left(\frac{M_{\mathrm{a}} \gamma_{\mathrm{g}}}{ZRT}\right)^{2.5307} \exp\left(\frac{-8600.4}{T} + 8.0267\right) p^{1.5307} \tag{4-20}$$

式中，M_{a}——空气的相对分子质量；

γ_{g}——天然气的相对密度。

因此，有

$$\frac{\mathrm{d}S_{\mathrm{s}}}{\mathrm{d}t} = \frac{A}{\mathrm{e}^{\alpha S_{\mathrm{s}} - \frac{\lambda \Delta p}{m}}} \tag{4-21}$$

令：

$$d = \mathrm{e}^{-\frac{\lambda \Delta p}{m}} \tag{4-22}$$

则有

$$\frac{\mathrm{d}S_{\mathrm{s}}}{\mathrm{d}t} = \frac{A}{d\,\mathrm{e}^{\alpha S_{\mathrm{s}}}} \tag{4-23}$$

经过变形可得

$$t = \frac{d}{A} \int_0^{S_{\mathrm{s}}} \mathrm{e}^{\alpha S_{\mathrm{s}}} \mathrm{d}S_{\mathrm{s}} \tag{4-24}$$

对公式进行积分可以得到：

$$S_{\mathrm{s}} = \frac{1}{\alpha} \ln\left[\frac{\alpha At}{d} + 1\right] \tag{4-25}$$

式中，取 m=3，α=－6.22。

4.2 非达西流动时的硫饱和度模型

通常在低速稳态的条件下，流体的流动符合达西定律，但当气藏中气体的流速较大，气井以高产量生产时，达西渗流便不再适用。此时，气体的渗流呈非达西流动状态，在这种流动状态下，离井筒越近，气体的渗流半径将会越小。气体在井筒附近的渗流速度会出现急增的现象，导致一部分动能的损失，此时，气体将处于紊流的状态。紊流状态下，前面建立的考虑液硫吸附和应力敏感的达西流动下的硫饱和度模型将不再适用。因此，需要建立非达西渗流条件下的硫饱和度模型来适应此种情况。该模型的假设条件与达西渗流模型的基本假设条件一样，但由于在井筒附近流体的流动为非达西流动，则流体的压降可用Forcheimer的渗流方程来描述：

$$\frac{\mathrm{d}p}{\mathrm{d}r}=\frac{\mu_{\mathrm{g}}}{K}v+\beta\rho v^{2} \tag{4-26}$$

其中，

$$v=\frac{1.157\times10^{-5}qB_{\mathrm{g}}}{2\pi rh} \tag{4-27}$$

$$\beta=\frac{7.644\times10^{10}}{(KK_{\mathrm{rg}})^{1.5}} \tag{4-28}$$

将式(4-27)和式(4-28)带入式(4-26)可得

$$\frac{\mathrm{d}p}{\mathrm{d}r}=1.841\times10^{4}\frac{\mu qB_{\mathrm{g}}}{rhKK_{\mathrm{rg}}}+1.997\times10^{-3}\frac{\rho q^{2}B_{\mathrm{g}}^{2}}{r^{2}h^{2}(KK_{\mathrm{rg}})^{1.5}} \tag{4-29}$$

将式(4-29)代入式(4-7)可得非达西渗流条件下的硫饱和度公式为

$$\begin{aligned}\frac{\mathrm{d}S_{\mathrm{s}}}{\mathrm{d}t}=&1.417\times10^{-4}\frac{\mu q^{2}B_{\mathrm{g}}^{2}}{r^{2}h^{2}\varphi KK_{\mathrm{rg}}(1-S_{\mathrm{wi}})\left(1-\dfrac{a\Delta c}{(1+b\Delta c)^{2}\rho_{\mathrm{s}}}\right)}\frac{\mathrm{d}c}{\mathrm{d}p}\\&+\frac{0.02\rho q^{3}B_{\mathrm{g}}^{3}}{r^{3}h^{3}\varphi(KK_{\mathrm{rg}})^{1.5}(1-S_{\mathrm{wi}})\left(1-\dfrac{a\Delta c}{(1+b\Delta c)^{2}\rho_{\mathrm{s}}}\right)}\frac{\mathrm{d}c}{\mathrm{d}p}\end{aligned} \tag{4-30}$$

将式(4-16)代入式(4-30)可以得到非达西渗流条件下，考虑液硫吸附与应力敏感的硫饱和度关系式为

$$\begin{aligned}\frac{\mathrm{d}S_{\mathrm{s}}}{\mathrm{d}t}=&1.417\times10^{-4}\frac{\mu q^{2}B_{\mathrm{g}}^{2}}{r^{2}h^{2}(1-S_{\mathrm{wi}})\left(1-\dfrac{a\Delta c}{(1+b\Delta c)\rho_{\mathrm{s}}}\right)\varphi_{\mathrm{i}}K_{\mathrm{i}}\,\mathrm{e}^{\alpha S_{\mathrm{s}}-\frac{\lambda\Delta p}{m}}}\frac{\mathrm{d}c}{\mathrm{d}p}\\&+\frac{0.02\rho q^{3}B_{\mathrm{g}}^{3}}{r^{3}h^{3}(1-S_{\mathrm{wi}})\left(1-\dfrac{a\Delta c}{(1+b\Delta c)\rho_{\mathrm{s}}}\right)\varphi_{\mathrm{i}}K_{\mathrm{i}}^{1.5}\mathrm{e}^{1.5\alpha S_{\mathrm{s}}-\frac{\lambda\Delta p}{m}}}\frac{\mathrm{d}c}{\mathrm{d}p}\end{aligned} \tag{4-31}$$

式中，

$$B_g = \frac{p_{sc}}{Z_{sc}T_{sc}}\frac{ZT}{p} = 3.4582\times10^{-4}\times\frac{ZT}{p} \tag{4-32}$$

$$\rho = \frac{M_a\gamma_g p}{ZRT} = 3.4845\times10^{3}\times\frac{\gamma_g p}{ZT} \tag{4-33}$$

为了简化方程，在这里令：

$$B = \frac{0.05q^3B_g^3(M_a\gamma_g)^{3.5307}p^{2.5307}\exp\left(\frac{-8600.4}{T}+8.0267\right)}{(ZRT)^{3.5307}r^3h^3(1-S_{wi})\left(1-\frac{a\Delta c}{(1+b\Delta c)\rho_s}\right)\varphi_i K_i^{1.5}} \tag{4-34}$$

因此，有

$$\frac{dS_s}{dt} = \frac{A}{e^{\alpha S_s - \frac{\lambda\Delta p}{m}}} + \frac{B}{e^{1.5\alpha S_s - \frac{\lambda\Delta p}{m}}} \tag{4-35}$$

$$\frac{dS_s}{dt} = \frac{Ae^{0.5\alpha S_s}+B}{de^{1.5\alpha S_s}} \tag{4-36}$$

经过变形可得

$$t = \frac{d}{A}\int_0^{S_s}\frac{e^{1.5\alpha S_s}}{e^{0.5\alpha S_s}+\frac{B}{A}}dS_s \tag{4-37}$$

将式(4-37)进行化简处理可以得到：

$$S_s = \frac{\ln\left[\left(\frac{A}{B}+1\right)e^{\frac{\alpha Bt}{d}}-\frac{A}{B}\right]}{\alpha} \tag{4-38}$$

对于高含硫气藏，偏差系数 Z 可通过 DPR 方法获得(表 4-1)，并进行 WA 校准，表示为

$$Z=1+\left(A_1+\frac{A_2}{T_{pr}}+\frac{A_3}{T_{pr}^3}\right)\rho_{pr}+\left(A_4+\frac{A_5}{T_{pr}}\right)\rho_{pr}^2+\frac{A_6}{T_{pr}}+\frac{A_7}{T_{pr}^3}(1+A_8\rho_{pr}^2)\rho_{pr}^2e^{(-A_8\rho_{pr}^2)} \tag{4-39}$$

$$\rho_{pr} = 0.27\left(\frac{p_{pr}}{ZT_{pr}}\right) \tag{4-40}$$

式中，T_{pr}——拟对比温度，适用范围为 1.05～3.0K；

p_{pr}——拟对比压力，适用范围为 0.2～30MPa；

ρ_{pr}——拟对比密度，kg·m^{-3}。

表 4-1　DPR 方法数据表

参数	参数值	参数	参数值
A_1	0.31506	A_5	−0.61232
A_2	−1.04671	A_6	−0.10489
A_3	−0.57833	A_7	0.68157
A_4	0.53531	A_8	0.68446

酸性气藏的黏度则采用 Standing 方法校准，表示如下：

$$\mu_1^* = \mu_1 + \Delta\mu_{N_2} + \Delta\mu_{CO_2} + \Delta\mu_{H_2S} \tag{4-41}$$

其中，

$$\Delta\mu_{N_2} = (8.48\times10^{-3}\lg\gamma_g + 9.59\times10^{-3})y_{N_2} \tag{4-42}$$

$$\Delta\mu_{CO_2} = (9.08\times10^{-3}\lg\gamma_g + 6.24\times10^{-3})y_{CO_2} \tag{4-43}$$

$$\Delta\mu_{H_2S} = (8.49\times10^{-3}\lg\gamma_g + 3.73\times10^{-3})y_{H_2S} \tag{4-44}$$

其中，μ_1——校正前的天然气黏度，mPa·s；

$\Delta\mu_{N_2}$、$\Delta\mu_{CO_2}$ 和 $\Delta\mu_{H_2S}$——校正后的 N_2、CO_2 和 H_2S 的黏度值，mPa·s；

y_{N_2}、y_{CO_2} 和 y_{H_2S}——天然气中 N_2、CO_2 和 H_2S 的摩尔分数；

γ_g——天然气的相对密度。

4.3 实例计算及分析

某高含硫气藏在开发生产过程中有大量的硫析出，并吸附沉积在岩石孔隙表面。气藏相关数据见表 4-2。这里采用前文拟合的硫的溶解度模型以及建立的硫饱和度模型来预测地层中硫的饱和度变化情况，并分析液硫的吸附效应以及储层中岩石的应力敏感效应对地层中硫的饱和度的影响。其中气藏气体组分为 CH_4∶H_2S∶CO_2∶N_2=81∶6∶9∶4。

表 4-2 气藏基本数据表

基本参数	取值
气藏温度/K	403.150
气藏原始压力/MPa	57.180
产层有效厚度/m	47.200
平均初始孔隙度	0.048
原始含水饱和度	0.300
地层绝对渗透率/mD	3
气体相对密度	0.720
气体偏差系数	1.305
气体平均黏度/(mPa·s)	0.033

4.3.1 流体流型对硫的饱和度变化的影响分析

这里主要从达西渗流以及非达西渗流两种情况展开讨论。气井以 $45\times10^4 m^3\cdot d^{-1}$ 的产量生产 1000 天，地层中硫的饱和度随径向距离的变化情况如图 4-2 所示。

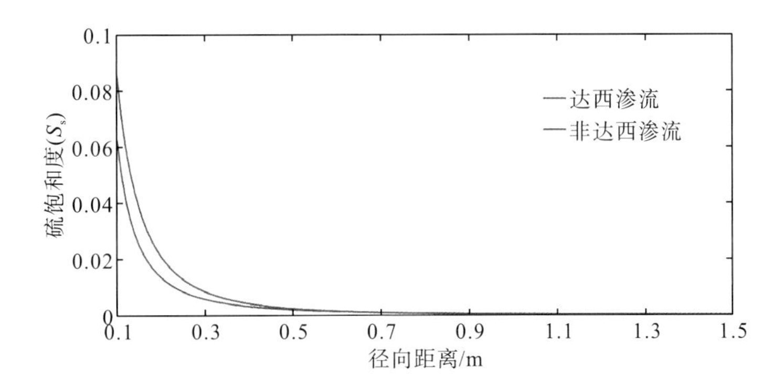

图 4-2　生产 1000 天后硫饱和度随径向距离变化关系曲线

从图 4-2 中可以看出，在不同流体流型(达西渗流和非达西渗流)的条件下，硫的饱和度变化趋势大致相同，随着径向距离的增大，都呈现出下降趋势。距离井眼 0.1m 处，达西流条件下硫的饱和度达到了 0.0626；非达西流条件下硫的饱和度达到了 0.0848，与达西流条件下的硫饱和度相比，增大了 35.46%。这说明流体的流型对含硫气体中硫的析出有较大的影响，并且在较长的生产时间后，硫的吸附沉积现象会越来越严重；同一生产时间下，硫的饱和度会随着径向距离的增大而减小，并且硫吸附沉积较严重的地方主要是离井眼 1.5m 以内处。

4.3.2　应力敏感效应对硫的饱和度变化的影响分析

由于受到地层应力敏感效应的作用，岩石中的一些微小孔隙会被压缩，最终导致硫的饱和度有所增大。如图 4-3 所示，生产 1000 天后，在径向距离 0.1m 处，考虑应力敏感效应作用，达西渗流条件下，硫的饱和度从 0.0626 增大到 0.0905，增大了 44.57%；非达西渗流条件下，硫的饱和度从 0.0848 增大到 0.1268，增大了 49.53%。

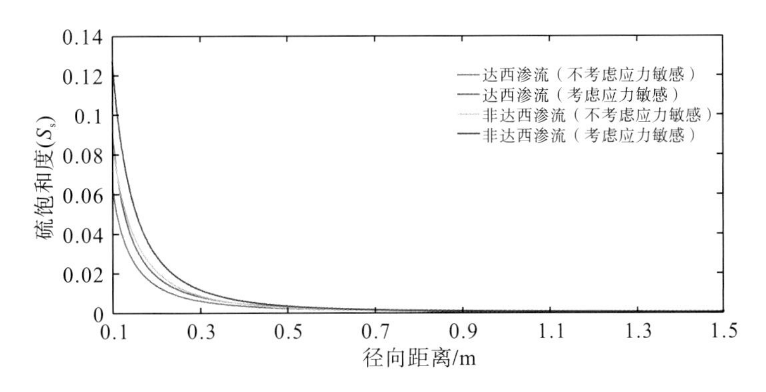

图 4-3　生产 1000 天后硫饱和度随径向距离变化关系曲线

4.3.3　液硫吸附效应对硫的饱和度变化的影响分析

由于受到液硫吸附作用的影响，硫的饱和度有所增加。这主要是由于岩石孔隙内表面会从含硫气体中吸附硫分子，被吸附的硫在储层高温高压的条件下呈现液态的形式，并占据很小一部分孔隙体积。岩石中的一些微小孔隙会被压缩，最终导致硫的饱和度有所增大。从图 4-4 中可以看出，生产 1000 天后，径向距离 0.1m 处，达西渗流条件下，硫的饱和度从 0.0626 增大到 0.0768，增大了 22.68%；非达西渗流条件下，硫的饱和度从 0.0848 增大到 0.1057，增大了 24.65%。

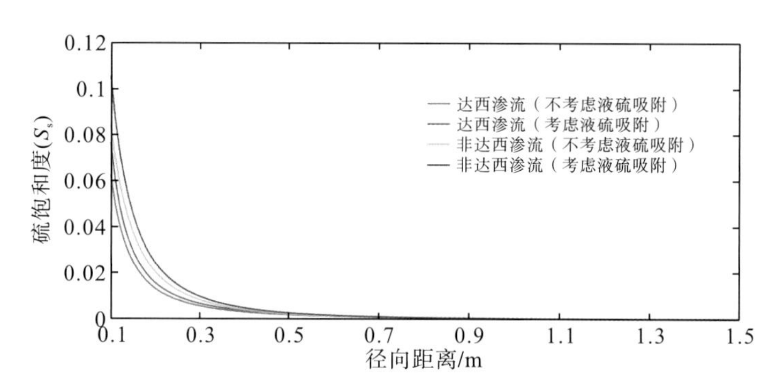

图 4-4 生产 1000 天后硫饱和度随径向距离变化关系曲线

4.3.4 液硫吸附与应力敏感的综合影响分析

在液硫吸附效应以及岩石应力敏感效应的共同作用下，储层中硫的饱和度有了较大的变化，该变化比起单因素的影响效果要更为明显。综合考虑液硫吸附以及应力敏感因素的影响，从图 4-5 中可以看出，生产 1000 天后，径向距离 0.1m 处，达西渗流条件下，硫的饱和度从 0.0626 增大到 0.1134，增大了 81.15%；非达西渗流条件下，硫的饱和度从 0.0848 增大到 0.1649，增大了 94.46%。

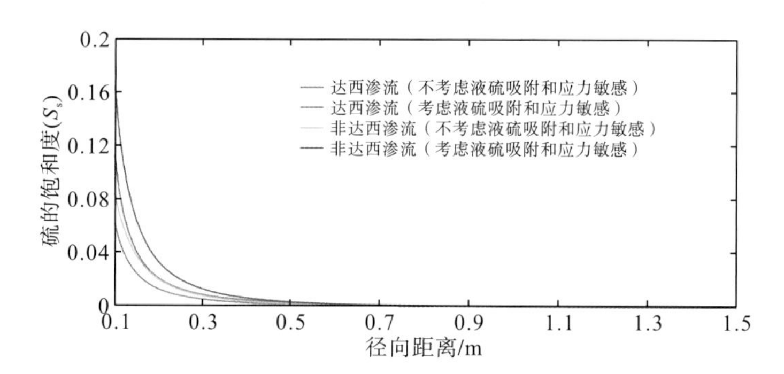

图 4-5 生产 1000 天后硫饱和度随径向距离变化关系曲线

第 5 章　高含硫气藏液硫吸附储层伤害实验

由于高含硫气藏实验的危险性和特殊性，目前对高含硫气藏渗流机理实验方面的研究较少，特别是缺少对高含硫气藏中液态硫微观渗流机理实验方面的研究，以往大多数学者主要集中在固态硫沉积对储层伤害的研究上。但近年来随深层高温、高压条件下的高含硫气藏得到进一步开发，在开发过程中，气相中析出的元素硫在地层条件下处于液态。随着液态硫的析出和聚集，并沉积在地层中，由于其具有较大的密度和黏度，必然会对地层造成伤害，占据一定的孔隙空间，影响气体渗透率。特别是近井地带，随着析出的液态硫饱和度增大，达到临界流动饱和度后，会出现气-液硫两相流。为了准确反映液硫吸附、沉积时对地层所造成的实际伤害，本书开展了液硫沉积地层伤害实验，实验结论可为高含硫气藏渗流机理研究提供借鉴。

5.1　液硫吸附储层伤害的机理

高含硫气藏开采过程中，随地层压力和温度不断下降，当气体中含硫量达到饱和时元素硫开始析出，温度低于硫熔点(119℃)时析出为固态硫，若固态硫微粒直径大于孔喉直径或气体挟带结晶体的能力低于元素硫结晶体的析出量，固态硫将在储层岩石孔隙喉道中沉积。当温度高于硫熔点(119℃)时析出为液态硫，四川盆地高含硫气藏储层温度普遍高于单质硫的熔点，例如，普光气田飞仙关组气藏地层温度为 123.4℃，YB 长兴组气藏地层温度超过 145℃，开采过程中流动状态为气-水-液态硫流动或气-水-固态硫耦合流动。析出的液硫将改变储层孔隙结构，导致储层孔隙度和渗透率发生变化，最终影响气井的产能。

5.2　实 验 原 理

高含硫气藏在开发过程中所析出的液硫对地层的损害和对产能的影响，最终表现为气相有效渗透率降低，因此测出不同含硫饱和度(低于其临界流动饱和度)下的气相有效渗透率，就可以定量评价液硫对储层损害的程度。

假设气体在岩心中的渗透为稳定流，则气体流过各横截面的质量流量不变，根据达西定律和波意尔-马略特定律可以推导出岩心的气体渗透率计算公式：

$$K_{\mathrm{g}} = \frac{2p_{\mathrm{a}}Q_{\mathrm{g}}\mu_{\mathrm{g}}L}{A(p_1^2 - p_2^2)} \times 10^2 \tag{5-1}$$

式中，K_{g}——岩心气相有效渗透率，mD；

A——岩心样本的截面积，cm^2；

p_a——大气压力，MPa；
L——岩心样本的长度，cm；
Q_g——实验条件下的气体流量，$cm^3 \cdot s^{-1}$；
p_1——岩心夹持器入口端的压力，MPa；
p_2——岩心夹持器出口端的压力，MPa；
μ_g——实验条件下气体的黏度，$mPa \cdot s$；

5.3 实验设备与条件

(1)实验岩心：采用钻取后的现场岩心，岩心基础数据见表 5-1。

表 5-1 岩心基础数据

序号	岩心编号	长度/cm	截面积/cm^2	孔隙体积/mL	总体积/mL	孔隙度/%	气体渗透率/mD	质量/g	备注
1	元 29	4.48	5.00	1.44	22.38	6.41	17.80	54.32	基质
2	27-2	4.95	4.92	1.10	24.30	4.52	10.38	55.49	基质
3	27-3	4.86	5.01	1.09	24.43	4.45	4.71	55.24	基质
4	224-4	4.51	4.92	0.44	22.14	1.96	0.47	54.86	基质

(2)实验流体：液硫、氮气。

液硫制备：在实验过程中，为了保证中间容器中有足够的液硫供应，在实验开展之前，单独在中间容器中进行液硫制备，采用自制的温度控制器连接的加热丝将中间容器均匀地包裹起来，用扎带固定好，再将固体硫粉加到中间容器中，硫粉不超过旋盖底部，盖好中间容器，如图 5-1 所示。通电加热，加热的地方尽可能放在通风的地方。待中间容器内的硫粉形成液硫时(如图 5-2 所示)，打开旋盖，继续加入硫粉，继续加热。反复这样操作几次后，液硫基本可以装满整个中间容器，盖紧旋盖，待实验操作时备用。

图 5-1 高温、常压下制备液硫过程(固态硫)

图 5-2　高温、常压下制备液硫过程(液态硫)

(3)实验温度：120～150℃。

(4)实验设备：采用 HA-III-抗 H_2S-CO_2 型高温、高压油气水渗流测试实验仪器，用于地层条件下油气水相对渗透率的测试以及高含硫酸性天然气相对渗透率的测试，如图 5-3 所示。

图 5-3　抗硫化氢高温、高压油气水渗流测试仪(规格型号：ISCO HAG-250)

该实验仪器各部分装置主要包括：

(1)驱替系统。驱替系统主要由双缸恒速恒压驱替泵和活塞容器组成。

①双缸恒速恒压驱替泵。

②活塞容器：为高压气驱实验提供高压气体，保证高压驱替条件，最高工作压力为 100MPa。

(2)模拟系统。模拟系统主要由各种不同长度的岩心夹持器、恒温箱、自动围压追踪泵、回压泵、皂膜流量计等组成。

①岩心夹持器：尺寸为 Φ25mm×100mm，最高耐压 100MPa，最高耐温 180℃。

②恒温箱：数字显示自动控温，采用空气浴加热，最高温度为 180℃，精度为±0.5℃。

③自动围压追踪泵：用于对夹持器内岩心的包封提供包封压力，并保持驱替过程中压

力不变，以模拟地层条件。

④回压泵：用于控制出口压力，建立静压差，维持岩心夹持器两端压力稳定，使输出压力平稳，提高计量精度。

⑤皂膜流量计：精度为±0.01mL。

(3) 数据采集控制系统，其有如下功能：

①实时采集压力、流量、温度等参数的数值；

②实时采集恒压恒速泵的参数并控制泵的启动、停止和流量；

③实时采集并计算产出的气量数据；

④控制流程的流路；

⑤实时显示控制元件的工作状态；

⑥显示、提示用户每一工作阶段的工作流程；

⑦温度、压力达到上限时报警。

(4) 其他设备。除了以上提到的几大系统以外，实验过程中还需要用到真空泵，用于对整个实验系统进行抽真空。

5.4 实验步骤

具体实验步骤如下：

(1) 按实验流程图连接各个流动管线，测量各个连接管线的死体积。

(2) 实验前利用气体依次检测各个密封环节和设备连接处的气密性，校正实验设备温度和压力精度。

(3) 将待测岩心装入岩心夹持器中，并将装有制备好液硫的中间容器放入烘箱中，依次在 50℃、90℃、120℃、150℃下慢慢加热，为保持稳定的液化状态，对已熔化的硫磺继续加热，通常液体硫磺温度控制在 130～150℃。

(4) 先不向岩心中注入液态单质硫，测定一定围压下，不含液硫时的岩心气相有效渗透率值。

(5) 关闭气源控制阀，打开液硫控制阀，保持围压不变，用驱替泵以一定的压力或流速将一定量的液硫驱到岩心中。

(6) 打开气源控制阀，关闭液硫控制阀，待气体出口段的流量稳定时，测定一定围压下含一定液硫时的岩心气相有效渗透率值。

(7) 打开液硫控制阀再向岩心注入少量的液硫，重复(6)过程，测得一个不同液硫饱和度时岩心的气体有效渗透率。

(8) 重复(5)、(6)过程，直到岩心出口端出现液硫为止，即可得到一系列不同饱和度时岩心的有效渗透率。

(9) 将上述实验后的岩心取出后自然冷却，液硫凝固后形成固态硫，测其孔隙度和气体渗透率，整个实验结束。

实验流程示意图如图 4-4 所示。

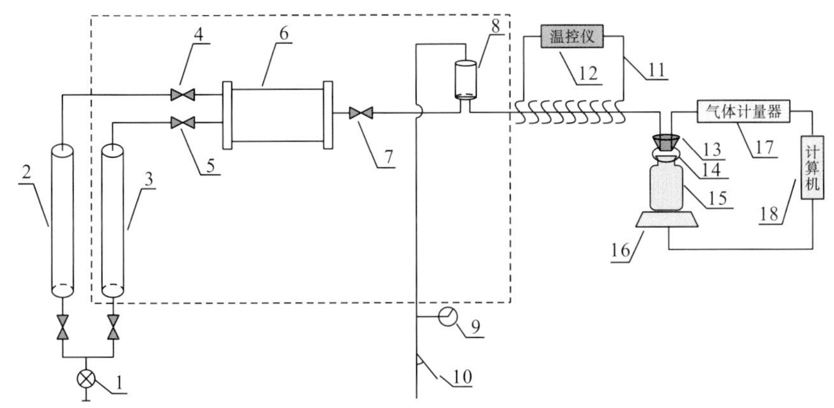

1.驱替泵；2.硫粉存放器；3.中间容器；4.气源控制阀；5.液硫控制阀；6.岩心夹持器；7.控制阀；8.回压阀；9.压力表；10.回压控制器；11.绝缘电加热丝；12.温度控制仪；13.橡皮塞；14.橡胶软管；15.容量瓶；16.精细天平；17.气体计量器；18.计算机

图 5-4　实验流程示意图

5.5　实验结果与分析

在实验过程中，不断往岩心中注入液硫，相当于在不流动的岩石骨架上增加了一新的矿物成分硫。增加的液硫将会占据一定的孔隙空间，从而引起地层孔隙度降低。

设地层孔隙中沉积的硫的质量为 m_s，则沉积硫的体积为

$$V_s=\frac{m_s}{\rho_s} \tag{5-2}$$

式中，ρ_s——沉积硫的密度，$g\cdot cm^{-3}$。

假设注入岩心的液硫在压力下不发生体积变形，则此时地层液硫饱和度为

$$S_s=\frac{V_s}{V}\times 100\% \tag{5-3}$$

当向岩心中注入一定体积的液硫时，气体渗透率相对原始气体渗透率的变化量为

$$\Delta K=K_1-K$$

渗透率损害程度可表示为

$$\omega_K=\frac{K_1-K}{K}\times 100\% \tag{5-4}$$

式中，V——孔隙体积，cm^3；

K_1——注入一定液硫后的岩石气体渗透率，mD；

K——岩石原始气体渗透率，mD；

V_s——液态硫的体积，cm^3；

S_s——岩心液硫饱和度，小数；

ω_K——岩心渗透率损害程度。

液硫从液态变为固态的过程中，固硫饱和度和岩心的渗透率变化情况如表 5-2 所示，其中，岩心中固硫饱和度的值是通过固硫的密度、岩石孔隙空间计算出来的，而含固硫岩心的渗透率则是实验测得的。

固硫饱和度计算方法：

$$S_{ss} = \frac{1}{V} \frac{\rho_s V_s}{\rho_{ss}} \times 100\% \tag{5-5}$$

式中，S_{ss}——岩心中的固硫饱和度；

ρ_{ss}——固态硫的密度，2.07g·cm^{-3}；

T——温度，K。

在实验温度 120～150℃下，保证硫处于液态，利用上述流程测定了基质岩心在不同含硫饱和度下的气体有效渗透率，实验结果如表 5-2～表 5-5 和图 5-5～图 5-8 所示。

表 5-2 元 29 岩心渗透率实验结果

序号	岩心编号	不同液硫饱和度下的渗透率/mD					冷却成固态硫后所测得的渗透率/mD
		0.000	0.104	0.181	0.253	0.327	
1	元 29	17.800	13.128	9.017	5.836	3.941	1.012

表 5-3 27-2 岩心渗透率实验结果

序号	岩心编号	不同液硫饱和度下的渗透率/mD					冷却成固态硫后所测得的渗透率/mD
		0.000	0.131	0.216	0.294	0.362	
2	27-2	10.380	6.873	4.367	2.893	1.775	0.4048

表 5-4 27-3 岩心在不同液硫饱和度下的渗透率实验结果

序号	岩心编号	不同液硫饱和度下的渗透率/mD					冷却成固态硫后所测得的渗透率/mD
		0.000	0.144	0.225	0.303	0.377	
3	27-3	4.710	2.878	1.672	1.013	0.624	0.198

表 5-5 224-4 岩心在不同液硫饱和度下的渗透率实验结果

序号	岩心编号	不同液硫饱和度下的渗透率/mD					冷却成固态硫后所测得的渗透率/mD
		0.000	0.182	0.271	0.343	0.434	
4	224-4	0.465	0.259	0.104	0.064	0.031	0.0169

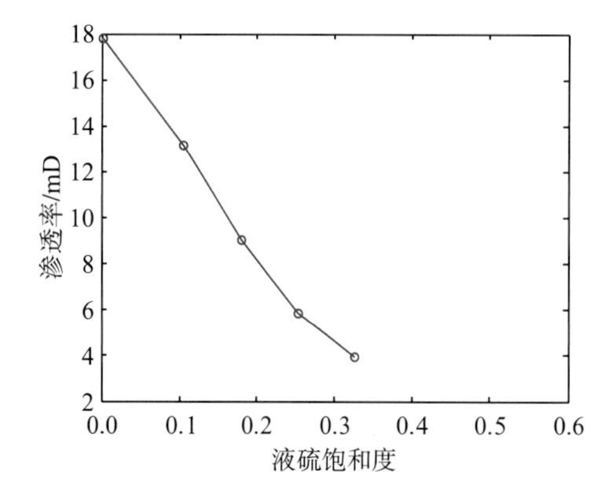

图 5-5 元 29 岩心液硫饱和度与渗透率的关系

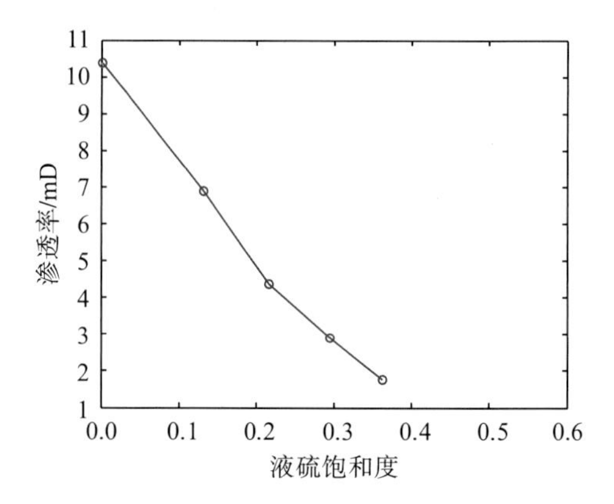

图 5-6 27-2 岩心液硫饱和度与渗透率的关系

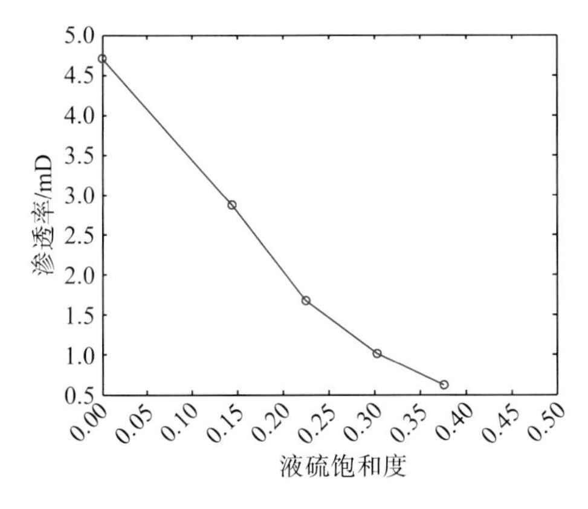

图 5-7　27-3 岩心液硫饱和度与渗透率的关系

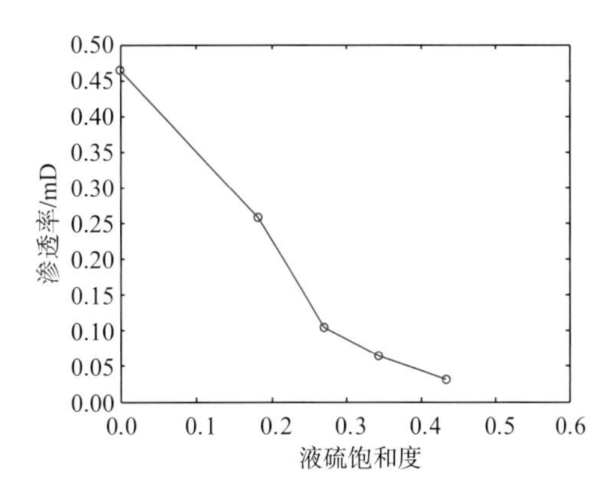

图 5-8　224-4 岩心液硫饱和度与渗透率的关系

对于四组不同初始孔隙度和初始渗透率的岩心，当岩心出口端出现液硫时，初始孔隙度越小，液硫吸附对其造成的影响越大，即气体渗透率损害程度越大。四组岩心的渗透率损害程度分别为：77.86%，82.90%，86.75%，93.33%。

5.6　液态硫吸附能力研究

对于高含硫裂缝性气藏的开发，随着地层压力的不断降低，当压力降低到一个临界值时，元素硫会开始析出，如果地层温度大于 119℃，元素硫就会以液态的形式析出，在地层中形成气、液态硫两相渗流。由于液态硫具有较大的密度和黏度，不会以相同的速度随着气流运移，在地层中占据了一定的孔隙空间，特别是在近井地带，硫的析出量较大，会对气体的渗流造成严重的影响。

液态硫虽然在孔隙流动中不会完全堵塞孔道，但其与孔隙壁面接触时可能发生吸附现象而滞留一部分在地层孔隙中。液态硫的吸附是其在孔隙介质中沉积的主要表现形式。液体在固体表面的吸附，取决于溶液和岩石表面的性质，使得固体表面对液体的吸附表现出选择性，即固体的极性部分易吸附极性物质，非极性部分易吸附非极性物质。液体在固体表面的吸附会出现边界层特征，这是因为固体表面力场的诱导作用对液体分子的吸附和吸附层本身分子活动的影响，元素硫属于非极性分子，易容于非极性溶液中，而岩石骨架由极性物组成，根据吸附选择性原理：在岩石孔隙中，孔隙壁面对非极性的液态硫吸附较小。

液态硫到底是游离态还是吸附态国内外还没有专门的实验研究。同时，目前的吸附仪大多用于测试气体吸附，无法对液硫进行研究。另外，国内外的液硫吸附实验及相关文献特别缺乏。本次采用油气藏地质及开发工程国家重点实验室的高温高压高含硫气藏气-液硫相渗曲线测试装置，将硫粉放入中间容器中加温制备成液硫，选取两种不同物性的储层岩心，测定不同温度及压力条件下的液态硫在岩心中的吸附能力，研究储层物性、温度、压力对液硫吸附能力的影响。

液态硫吸附能力实验过程如下：

(1)岩心的选取与处理：制备直径为 2.50cm 或 3.80cm 的岩心，其长度不小于直径的

1.5 倍，按照相应的标准将岩心样本进行抽提、清洗、烘干处理，处理后测量所述岩心样本的长度 L、直径 d、岩心孔隙度 φ 、渗透率 K。

(2) 液硫的制备和不同 H_2S 含量的混合天然气的制备：将硫粉装满中间容器，利用电加热丝对中间容器进行加热，将粉末状硫粉制备成液态硫，由于粉末状硫粉变成液态硫后体积变小，故当粉末状硫粉变成液态硫后，继续将硫粉加入中间容器制备液态硫，直到制备出充足的液态硫；利用气体配样器配置不同 H_2S 含量的混合天然气，利用气体增压泵将其注入气体中间容器。

(3) 岩心饱和液硫：待装液硫的中间容器冷却后，将其移至恒温箱，同时将岩心夹持器也置于恒温箱内，有液硫经过的地方均置于恒温箱内，回压阀部分利用加热丝对其加热，防止液硫冷却堵塞管路；将恒温箱内部温度升至 150℃，回压阀以及相关管路的电加热丝温度亦升至 150℃，然后将中间容器中的液硫驱替至岩心中，使其岩心充分饱和液态硫。

(4) 模拟真实地层束缚液态硫的条件，保持高温、高压条件，保证整个液硫驱替过程中不会出现固化而堵塞管线及岩心样本。不断地使用含 H_2S、CO_2 的混合气驱替岩心中的液态硫，置换出液态硫，直至耐高温高压气液分离器液体出口端不出液态硫为止，驱替过程结束。

(5) 取出岩心，并称重，其重量差即为该温度、压力条件下的液硫吸附量，如图 5-9 所示。

选取 YB 高含硫气藏岩心开展液硫吸附实验，实验内压 13MPa，围压 20MPa，回压 11MPa，温度 150℃。在液硫饱和前干岩心质量为 54.3196g，然后不断地使用含 H_2S、CO_2 的混合气驱替岩心中液态硫，随机选取液硫驱替过程中的岩心称重质量为 56.1205g，此时岩心中液硫质量为 1.8009g。继续驱替直至耐高温高压气液分离器液体出口端不出液态硫为止，对岩心称重质量为 55.1517g，吸附的液硫质量为 0.8321g，见表 5-6。由此可见，在地层条件下一旦有硫析出，那么在开采过程中吸附的情况就会较为严重。

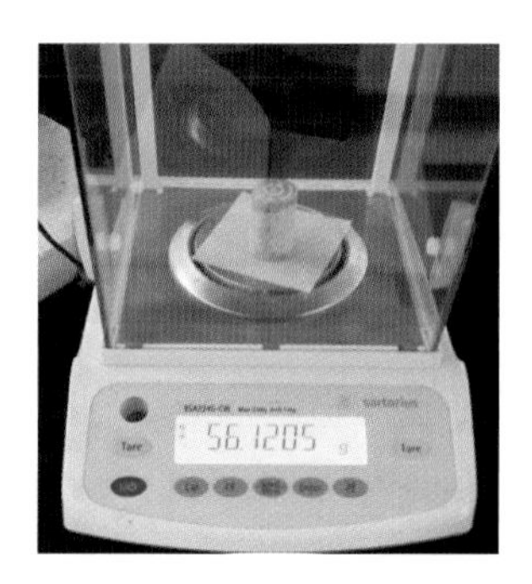

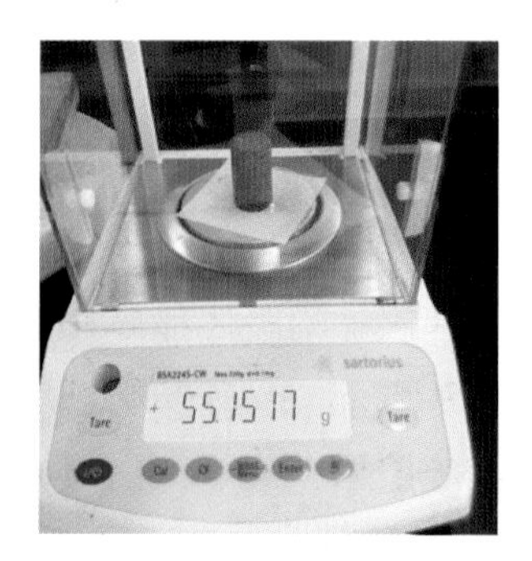

图 5-9 在不同驱替阶段岩心质量

表 5-6 实验数据

液硫饱和前的岩心质量/g	液硫驱替过程中的岩心质量/g	驱替不出液硫时的岩心质量/g	岩心质量变化量/g
54.3196	56.1205	55.1517	0.8321

再选取 YB 高含硫气藏 YB29 和 YB29-2 开展液硫吸附实验，实验内压 50MPa，围压 75MPa，回压 48MPa，温度 150℃。不断地使用含 H_2S、CO_2 的混合气驱替岩心中的液态

硫，直至耐高温高压气液分离器液体出口端不出液态硫为止，然后称重，其重量差即为该温度、压力条件下的液硫吸附量。

岩心重量变化如表 5-7 所示，YB29 岩心和 YB29-2 岩心吸附液硫后的面貌分别如图 5-10 和图 5-11 所示。

表 5-7　实验数据

编号	岩心物性变化	长度/cm	截面积/cm^2	温度/℃	围压/MPa	孔压/MPa	孔隙度/%	孔隙体积/cm^3	重量/g	岩心重量变化/g	液硫吸附量/$(mol \cdot g^{-1})$
YB29	饱和液硫前	4.48	5.00	17.58	3.15	1.71	6.41	1.44	54.3196	2.3686	0.0014
	驱替结束	4.51	4.99	24.58	3.11	1.76	4.11	0.92	56.6882		
YB29-2	饱和液硫前	5.64	4.98	22.67	3.22	1.76	12.42	3.49	62.8919	7.2519	0.0036
	驱替结束	5.65	4.99	25.63	3.21	1.72	3.32	0.94	70.1438		

图 5-10　YB29 岩心液硫吸附

图 5-11　YB29-2 岩心液硫吸附

定义岩心吸附的液硫量为：(岩心增加的质量/S 的摩尔质量)/液硫伤害前岩心的质量。

由表 5-7 知：岩心孔隙度越大，在同等液硫吸附实验条件下，岩心增加质量越大，其吸附的液硫量越大。

此外，还开展了 YB27-2 和 YB27-3 岩心的液硫吸附实验，发现液硫吸附较为严重(表 5-8)。

表 5-8　实验数据

编号	岩心物性变化	长度/cm	截面积/cm^2	温度/℃	围压/MPa	孔压/MPa	孔隙度/%	孔隙体积/cm^3	重量/g	岩心重量变化/g	液硫吸附量/$(mol \cdot g^{-1})$
YB27-2	饱和液硫前	4.95	4.92	18.15	3.00	1.64	4.52	1.10	55.4938	1.7524	0.0009
	驱替结束	4.99	4.89	18.11	3.00	1.62	3.04	0.61	57.2462		
YB27-3	饱和液硫前	4.86	5.01	20.96	2.94	1.755	4.45	1.09	55.2416	1.7842	0.00097

第6章　液硫吸附对地层储层参数及气井产能的影响

在开发高温高压高含硫气藏时，随着地层压力的不断降低，当压力降低到一个临界值时，元素硫会开始析出，如果地层温度大于115℃，元素硫就会以液态的形式析出。地层气体中析出的液硫对渗透率的影响可用地层液态硫的饱和度进行分类，以临界液硫吸附饱和度(临界束缚硫饱和度)为节点，分为地层液态硫的饱和度达到临界液硫吸附饱和度之前和之后对储层渗透率和孔隙度造成伤害来进行研究。由于液态硫具有较大的密度和黏度，不会以相同的速度随着气流运移，在地层中占据了一定的孔隙空间，特别是在近井地带，硫的析出量较大，会对气体的渗流造成严重的影响，增加渗流阻力，进而影响气井产能。为了研究液硫吸附对地层储层参数及气井产能的影响，本章通过建立液硫饱和度模型、液硫吸附模型，利用实例数据分别来研究液硫吸附对孔隙度和渗透率的影响，并进一步探讨其对气井产能的影响。

6.1　液硫饱和度预测模型

6.1.1　模型假设条件

(1)气体流动为径向稳定渗流；

(2)气体流动为非达西流动，且地层温度可变；

(3)元素硫在气藏流体中的溶解度达到临界饱和度状态；

(4)地层温度大于地层压力下的硫的凝固点，从流体中析出的硫为液态硫。

(5)析出的液态硫不随气流运移，最终有两种存在方式，一是吸附在孔隙岩石表面，二是沉积在孔道中。

6.1.2　硫在地层中的饱和的预测模型

1.模型建立

气体在整个地层流动过程中，特别是在即将流入气井时，垂直于流动方向的流通段面越接近井轴越小，渗流速度急剧增加，出现高速非达西渗流，模型如图6-1所示。所以，此处采用Forchheimer(1901)提出的二次方程来描述：

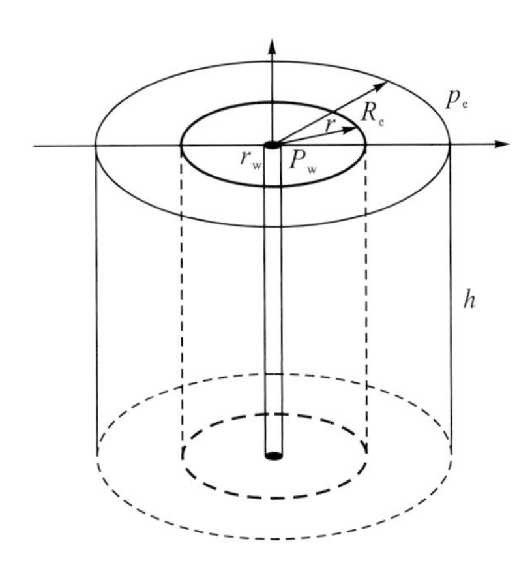

图 6-1　平面径向流模型

$$\frac{dp}{dr}=\frac{\mu_g}{K}v+\beta\rho_g v^2 \tag{6-1}$$

$$q=q_g B_g=2\pi rhv \tag{6-2}$$

式中，p——压力，Pa；

μ_g——流体黏度，Pa·s；

v——渗流速度，m·s^{-1}；

ρ_g——天然气的密度，kg·m^{-3}；

K——渗透率，m^2；

q——气体在地层条件下的体积，m^3；

q_g——气井产量，m^3·d^{-1}；

B_g——气体体积系数；

h——储层厚度，m；

r——径向渗流半径，m。

β——描述孔隙介质紊流影响的系数，称为速度系数，m^{-1}。

速度系数β的通式为

$$\beta=\frac{常数}{K^a}(a为常数) \tag{6-3}$$

常用的β计算公式为：$\beta=7.66\times10^{10}/K^{1.5}$。

整理式(6-1)、式(6-2)和式(6-3)可得

$$\frac{dp}{dr}=1.1574\times10^4\frac{q_g B_g}{2\pi rh}\frac{\mu_g}{KK_{rg}}+1.3396\times10^{-16}\left(\frac{q_g B_g}{2\pi rh}\right)^2\beta\rho_g \tag{6-4}$$

设距离井眼中心 r 处，在 dt 时刻内由于压力降落而在孔隙中析出的液态硫的体积量为

$$dV_s=\frac{q_g B_g\left(\frac{dC_r}{dp}\right)dp\,dt}{10^6\rho_s} \tag{6-5}$$

其中，溶解度(C_r)的计算公式为

$$C_r=\left(\rho_g/M\right)^{k(T)}\cdot\exp(a/T+b) \tag{6-6}$$

式中，M——气体混合物中H_2S和CO_2的摩尔分数之和。

天然气的密度可以用下式计算：

$$\rho_g=\frac{M_a\gamma_g}{ZRT}p \tag{6-7}$$

将式(6-7)代入式(6-6)中，整理得到硫的溶解度与地层压力之间的关系：

$$C_r=\left(\frac{M_a\gamma_g}{ZRTM}p\right)^{k(T)}\exp(a/T+b) \tag{6-8}$$

将式(6-8)转换成微分形式，可得硫溶解度随压力的变化的计算公式为

$$\frac{dC_r}{dp}=k(T)\left(\frac{M_a\gamma_g}{ZRTM}\right)^{k(T)}p^{k(T)-1}\exp(a/T+b) \tag{6-9}$$

在一个很小的径向距离 dr 处析出的硫的体积与孔隙体积的比即为硫在多孔介质中的饱和度S_s：

$$dS_s=\frac{dV_s}{2\pi rh dr\varphi(1-S_{wi})} \tag{6-10}$$

式中，φ——地层孔隙度；

S_{wi}——束缚水饱和度。

由式(6-4)、式(6-5)和式(6-10)可得

$$\frac{dS_s}{dt}=\left[1.1574\times10^{-2}\left(\frac{q_gB_g}{2\pi rh}\right)^2\frac{\mu_g}{KK_{rg}}+1.3396\times10^{-22}\left(\frac{q_gB_g}{2\pi rh}\right)^3\beta\rho_g\right]\cdot\frac{\frac{dC_r}{dP}}{\varphi(1-S_{wi})\rho_s} \tag{6-11}$$

根据Kuo(1972)的研究，可以得到含硫饱和度与气体相对渗透率有如下经验关系式：

$$\ln K_{rg}=\alpha S_s \tag{6-12}$$

引入Adesina和Churchil(2010)提出的孔隙度伤害模型：

$$\varphi=\varphi_i e^{\left(\frac{\alpha S_s}{m}\right)} \tag{6-13}$$

式中，φ——任意时刻孔隙度；

φ_i——初始孔隙度；

α、m——参数，可以通过实验的资料拟合得到。

气藏在开采的过程中，由于压力降低会产生应力敏感现象，因此考虑应力敏感对气藏有效渗透率的影响，其表达式为

$$K=K_i\exp\left[-\lambda\left(p_i-p\right)\right] \tag{6-14}$$

将式(6-9)、式(6-12)、式(6-13)和式(6-14)代入式(6-11)可以得出：

$$\frac{\mathrm{d}S_{\mathrm{s}}}{\mathrm{d}t}=\left[2.9347\times10^{-4}\cdot\frac{\mu_{\mathrm{g}}q_{\mathrm{g}}^{2}B_{\mathrm{g}}^{2}k(T)\left(\dfrac{M_{\mathrm{a}}\gamma_{\mathrm{g}}}{ZRTM}\right)^{k(T)}p^{k(T)-1}\exp(a/T+b)}{\rho_{\mathrm{s}}r^{2}h^{2}(1-S_{\mathrm{wi}})\varphi_{\mathrm{i}}K_{\mathrm{i}}\mathrm{e}^{-\lambda(p_{\mathrm{i}}-p)+\left(1+\frac{1}{m}\right)\alpha S_{\mathrm{s}}}}\right.$$
$$\left.+4.1344\times10^{-14}\cdot\frac{\rho_{\mathrm{g}}q_{\mathrm{g}}^{3}B_{\mathrm{g}}^{3}k(T)\left(\dfrac{M_{\mathrm{a}}\gamma_{\mathrm{g}}}{ZRTM}\right)^{k(T)}p^{k(T)-1}\exp(a/T+b)}{\rho_{\mathrm{s}}r^{3}h^{3}(1-S_{\mathrm{wi}})\varphi_{\mathrm{i}}K_{i}^{1.5}\mathrm{e}^{-1.5\lambda(p_{\mathrm{i}}-p)+1.5\alpha S_{\mathrm{s}}+\frac{\alpha}{m}S_{\mathrm{s}}}}\right]\tag{6-15}$$

式中，p——地层压力，MPa；

p_{i}——初始层压力，MPa；

M_{a}——空气相对分子质量；

γ_{g}——气体相对密度；

R——通用气体常数，$0.008471\mathrm{MPa\cdot m^{3}\cdot kmol^{-1}\cdot K^{-1}}$；

T——绝对温度，K；

ρ_{s}——液硫的密度，$\mathrm{g\cdot cm^{-3}}$；

q_{g}——气井产气量，$\mathrm{m^{3}\cdot d^{-1}}$；

B_{g}——气体体积系数；

Z——气体偏差因子；

λ——系数，可通过实验的资料拟合得到。

上述推导公式在分析非达西作用以及气体参数变化对液硫饱和度影响的基础上，考虑气体参数及单位压降下液硫溶解度的变化值 $\mathrm{d}C_{\mathrm{r}}/\mathrm{d}p$ 随压力的变化情况，提出了一个改进的考虑非达西作用的近井地带液硫饱和度预测模型，使得模型的准确性得到了进一步提高。

2.模型中参数的处理

根据有关高含硫气体物性参数研究，选择其中计算误差最小的方法。对于高含硫天然气的偏差系数采用 DPR 方法，并结合 Wichert 和 Aziz 校正(W-A)。

$$Z=\left[1+\left(A_{1}+\frac{A_{2}}{T_{\mathrm{pr}}}+\frac{A_{3}}{T_{\mathrm{pr}}^{3}}\right)\rho_{\mathrm{pr}}+\left(A_{4}+\frac{A_{5}}{T_{\mathrm{pr}}}\right)\rho_{\mathrm{pr}}^{2}+\frac{A_{5}A_{6}}{T_{\mathrm{pr}}}\rho_{\mathrm{pr}}^{5}+\frac{A_{7}}{T_{\mathrm{pr}}^{3}}\left(1+A_{8}\rho_{\mathrm{pr}}^{2}\right)\rho_{\mathrm{pr}}^{2}\exp\left(-A_{8}\rho_{\mathrm{pr}}^{2}\right)\right]\tag{6-16}$$

式中，ρ_{pr}——拟对比密度，$\rho_{\mathrm{pr}}=0.27\left(\dfrac{p_{\mathrm{pr}}}{ZT_{\mathrm{pr}}}\right)$，其中 p_{pr} 为拟对比压力，$p_{\mathrm{pr}}=\dfrac{p}{p_{\mathrm{c}}}$；

T_{pr}——拟对比压力，$T_{\mathrm{pr}}=\dfrac{T}{T_{\mathrm{c}}}$。

常数 A_1～A_8 见表 6-1。

对于高含硫天然气，主要考虑一些常见的极性分子(H_2S、CO_2)的影响，因此需要对式(6-16)中的参数进行校正。1972 年 Wichert-Aziz 引入参数 ε，希望用此参数来弥补常用计算方法的缺陷。参数 ε 的计算方法如下：

表 6-1 模型中的常数

A_1	A_2	A_3	A_4
0.31506237	−1.0467099	−0.57832729	0.53530771
A_5	A_6	A_7	A_8
−0.61232032	−0.10488813	0.68157001	0.68446549

$$\varepsilon = 15\left(M - M^2\right) + 4.167\left(N^{0.5} - N^2\right) \tag{6-17}$$

式中，ε——校正参数；

M——气体混合物中 H_2S 与 CO_2 的摩尔分数之和；

N——气体混合物中 H_2S 的摩尔分数。

根据 Wichert-Aziz 的观点，每个组分的临界温度和临界压力都应与参数 ε 有关，临界参数的校正关系式如下所示：

$$T'_{ci} = T_{ci} - \varepsilon \tag{6-18}$$

$$p'_{ci} = p_{ci} T'_{ci} / T_{ci} \tag{6-19}$$

式中，T_{ci}——为 i 组分的临界温度，K；

p_{ci}——为 i 组分的临界压力，kPa；

T'_{ci}——为 i 组分的校正临界温度，K；

P'_{ci}——为 i 组分的校正临界压力，kPa。

在压力的适用范围内还需对温度进行修正，其关系式如下：

$$T' = T + 1.94\left(\frac{p}{2760} - 2.1\times10^{-8} p^2\right) \tag{6-20}$$

式中，T'——修正后的温度，K。

受 H_2S 等非烃气体存在的影响，高含硫天然气的黏度往往比常规气体的黏度偏高，因此需要在常规气体黏度经验预测方法的基础上对高含硫天然气的黏度进行非烃校正。所以，气体黏度采用 Dempsey 模型计算，并且采用 Standing 校正法进行校正。Stockman 等(1967)针对 Carr 等发表的关于气体的薪度图版进行了拟合，得出气体黏度的计算公式为

$$\mu_1 = \mu_{g1} \exp\left[\ln\left(\frac{\mu_g}{\mu_{g1}} T_{pr}\right)\right] / T_{pr} \tag{6-21}$$

$$\begin{aligned}\mu_1 = &\left(1.709\times10^{-5} - 2.062\times10^{-6}\gamma_g\right)\\ &\left(1.8T + 32\right) + 8.188\times10^{-3} - 6.15\times10^{-3}\lg\gamma_g\end{aligned} \tag{6-22}$$

$$\begin{aligned}\ln\left(\frac{\mu_g T_{pr}}{\mu_{g1}}\right) = &\Big[A_0 + A_1 p_{pr} + A_2 p_{pr}^2 + A_3 p_{pr}^3 + T_{pr}\left(A_4 + A_5 p_{pr} + A_6 p_{pr}^2 + A_7 p_{pr}^3\right)\\ &+ T_{pr}^2\left(A_8 + A_9 p_{pr} + A_{10} p_{pr}^2 + A_{11} p_{pr}^3\right) + T_{pr}^3\left(A_{12} + A_{13} p_{pr} + A_{14} p_{pr}^2 + A_{15} p_{pr}^3\right)\Big]\end{aligned} \tag{6-23}$$

式中，μ_{g1}——在大气压和任意温度下的天然气黏度，$\mathrm{mPa\cdot s}$；

μ_1——一个大气压和给定温度下某一单组分的气体黏度，$\mathrm{mPa\cdot s}$；

μ_g——天然气在压力 p 和温度 T 条件下的黏度，mPa·s；

T——任意温度，℃。

其中常数 A_0～A_{15} 见表 6-2。

表 6-2 模型中的常数

A_0	A_1	A_2	A_3
−2.46211820	2.97054714	−0.286264054	0.0080542052
A_4	A_5	A_6	A_7
2.80860949	−3.49803305	0.36037302	−0.01044324
A_8	A_9	A_{10}	A_{11}
−0.79338568	1.39643306	−0.1491449	0.00441016
A_{12}	A_{13}	A_{14}	A_{15}
0.08393872	−0.1864089	0.02033679	−0.0006096

Standing 校正公式为

$$\mu_1' = (\mu_1)_m + \mu_{N_2} + \mu_{CO_2} + \mu_{H_2S} \tag{6-24}$$

其中，

$$\mu_{H_2S} = M_{H_2S} \cdot \left[8.49\times10^{-3}\lg r_g + 3.37\times10^{-3}\right]$$

$$\mu_{CO_2} = M_{CO_2} \cdot \left[9.08\times10^{-3}\lg r_g + 6.24\times10^{-3}\right]$$

$$\mu_{N_2} = M_{N_2} \cdot \left[8.48\times10^{-3}\lg r_g + 9.59\times10^{-3}\right]$$

式中，μ_1'——气体进行 Standing 校正后的黏度，mPa·s；

$(\mu_1)_m$——烃类气体的黏度值，mPa·s；

μ_{H_2S}——H_2S 黏度校正值，mPa·s；

μ_{CO_2}——CO_2 黏度校正值，mPa·s；

μ_{N_2}——N_2 黏度校正值，mPa·s；

M_{H_2S}、M_{CO_2}、M_{N_2}——天然气中 H_2S、CO_2、N_2 的摩尔分数。

6.2 液硫吸附模型

为了便于分析液硫吸附模型，对硫析出后在地层中的存在方式作以下简要假设：

(1) 元素硫以化学形式和物理形式溶解在高含硫气体中。

(2) 地层温度可变。

(3) 地层温度大于地层压力下的硫的凝固点，从流体中析出的硫为液态硫。

(4) 原始地层压力下，气体中元素硫的溶解度处于饱和状态。

(5) 析出的液态硫不随气流运移，最终有两种存在方式，一是吸附在孔隙岩石表面，二是沉积在孔道中。

定义如下两个有关元素硫的变量：

(1)天然气中溶解的元素硫的浓度(C_r)：

$$C_r = \frac{m_r}{V_g} \tag{6-25}$$

式中，C_r——天然气中溶解的元素硫的浓度，$g \cdot m^{-3}$；

m_r——天然气中溶解的元素硫的质量，g；

V_g——天然气体积，m^3。

(2)地层孔隙空间中吸附的硫的饱和度(硫吸附饱和度)(S_f)：

$$S_f = \frac{m_f \rho_s}{V_d} \tag{6-26}$$

式中，S_f——孔隙中吸附的液态硫的饱和度；

m_f——孔隙中吸附的液态硫质量，g；

ρ_s——液态硫密度，$g \cdot m^{-3}$；

V_d——地层孔隙空间的体积，m^3。

1.吸附模型(Ali-Islam)

假设元素硫为单一组分。根据 Sirear 的表面吸附量理论，组分 i 的表面吸附量为

$$n_i^e = n_s \left(x_i^0 - x_i \right) \tag{6-27}$$

由于气体在孔隙中流动时，直接与岩石壁面接触，所以上式可改写为

$$n_i^e = n' \left(x_i' - x_i \right) \tag{6-28}$$

根据单体吸附模型，表面吸附量为

$$\frac{1}{n'} = \frac{x_s'}{m_s} + \frac{x_g'}{m_g} \tag{6-29}$$

但 Mannhardt 和 Novasad(2006)认为可以不必考虑吸附层的影响，而是定义了一个选择性系数 S，其数学表达式为

$$S = \frac{x_s'}{x_g'} \cdot \frac{x_g}{x_s} \tag{6-30}$$

则表面吸附量为

$$n_s^e = \frac{m_s x_s x_g (S-1)}{S x_s + \left(\dfrac{m_s}{m_g} \right) x_g} \tag{6-31}$$

硫的吸附量可由下式给出：

$$n_s' = \frac{m_s x_s S}{S x_s + \left(\dfrac{m_s}{m_g} \right) x_g} \tag{6-32}$$

式中，n_s'——液态硫的吸附量，g；

m_s——液态硫在吸附层中单位质量的质量数；
m_g——气体在吸附层中单位质量的质量数；
S——选择性系数；
x_g——混合体的流体质量浓度，$g \cdot m^{-3}$；
x_s——混合体的液硫质量浓度，$g \cdot m^{-3}$；
n'——单位质量吸附剂的吸附量，$mg \cdot g^{-1}$；
n_i^e——组分 i 的表面剩余，$mg \cdot g^{-1}$；
x_i'——组分 i 在吸附相中的质量分数；
x_i——组分 i 在混合体相中的质量分数；

地层天然气中溶解的元素硫只有在地层温度、压力、气体组分发生改变时才会析出，以 3 种方式存在，即聚集、吸附和沉积。硫溶解度随压力变化的计算公式为

$$\frac{dC_r}{dp}=k(T)\left(\frac{M_a\gamma_g}{ZRTM}\right)^{k(T)} p^{k(T)-1}\exp(a/T+b) \tag{6-33}$$

或

$$dC_r=k(T)\left(\frac{M_a\gamma_g}{ZRTM}\right)^{k(T)} p^{k(T)-1}\exp(a/T+b)dp \tag{6-34}$$

在地层中某处，单位体积岩石内气体的体积为

$$dV=\varphi\left(1-S_{wi}\right) \tag{6-35}$$

其气体质量为

$$dm=\frac{M_a\gamma_g}{ZRT}pdV=\frac{M_a\gamma_g}{ZRT}p\varphi\left(1-S_{wi}\right) \tag{6-36}$$

当压力下降 dp 时，体积为dV的气体中析出的硫的质量为

$$dm_s=dV\cdot dC_r \tag{6-37}$$

将式(6-34)和式(6-35)代入式(6-37)可得

$$dm_s=\varphi\left(1-S_{wi}\right)\cdot k(T)\cdot\left(\frac{M_a\gamma_g}{ZRTM}\right)^{k(T)} p^{k(T)-1}\exp(a/T+b)dp \tag{6-38}$$

根据质量守恒定律可知，析出硫后气体的质量为

$$dm_g=dm-dm_s \tag{6-39}$$

将式(6-36)和式(6-38)代入式(6-39)可得

$$dm_g=\frac{M_a\gamma_g}{ZRT}p\varphi\left(1-S_{wi}\right)-\varphi\left(1-S_{wi}\right)k(T)\left(\frac{M_a\gamma_g}{ZRTM}\right)^{k(T)} p^{k(T)-1}\exp(a/T+b)dp \tag{6-40}$$

单位体积岩石孔隙中，混合体的气体质量分数为

$$x_g=\frac{dm_g}{dm}=\frac{\frac{M_a\gamma_g}{ZRT}P\varphi\left(1-S_{wi}\right)-\varphi\left(1-S_{wi}\right)k(T)\left(\frac{M_a\gamma_g}{ZRTM}\right)^{k(T)} p^{k(T)-1}\exp(a/T+b)dp}{\frac{M_a\gamma_g}{ZRT}p\varphi\left(1-S_{wi}\right)} \tag{6-41}$$

化简式(6-41)得

$$x_{g}=1-k(T)\cdot\left(\frac{M_{a}\gamma_{g}}{ZRT}\right)^{k(T)-1}M^{-k(T)}p^{k(T)-2}\exp(a/T+b)\mathrm{d}p \tag{6-42}$$

则液态硫的质量分数为

$$x_{s}=\frac{\mathrm{d}m_{s}}{\mathrm{d}m}=k(T)\left(\frac{M_{a}\gamma_{g}}{ZRT}\right)^{k(T)-1}M^{-k(T)}p^{k(T)-2}\exp(a/T+b)\mathrm{d}p \tag{6-43}$$

根据 Ali-Islam 吸附模型：

$$n_{s}'=\frac{m_{s}x_{s}S}{Sx_{s}+\left(\frac{m_{s}}{m_{g}}\right)x_{g}} \tag{6-44}$$

令 $A=k(T)\left(\frac{M_{a}\gamma_{g}}{ZRT}\right)^{k(T)-1}M^{-k(T)}\exp(a/T+b)$，可以得到单位体积岩石的液硫吸附量(微分形式)：

$$\mathrm{d}n_{s}'=\frac{m_{s}SAp^{k(T)-2}\mathrm{d}p}{SAp^{k(T)-2}\mathrm{d}p+\left(m_{s}/m_{g}\right)\cdot\left(1-Ap^{k(T)-2}\mathrm{d}p\right)} \tag{6-45}$$

假设 t=0 时，地层中各点液硫吸附量为 0，且天然气所溶解的元素硫处于饱和状态。当 $t=t_1$ 时，地层中某处压力为 p，则地层中由于压降而析出的液硫吸附量为

$$M_{s1}=\int_{0}^{t_1}\mathrm{d}n_{s}'=\int_{p_e}^{p}\frac{m_{s}SAp^{k(T)-2}\mathrm{d}p}{SAp^{k(T)-2}\mathrm{d}p+\left(m_{s}/m_{g}\right)\cdot\left(1-Ap^{k(T)-2}\mathrm{d}p\right)} \tag{6-46}$$

2.实例计算及分析

原始气藏压力：p_e=75MPa；

气藏温度：T=150℃；

孔隙度：5%；

束缚水饱和度：S_{wi}=0；

Ali-Islam 吸附模型中的参数取值：S=100；$m_s=0.05\,n_s'$；n_s'=20；m_s/m_g=15；

天然气组分：66%CH_4+20%H_2S+10%CO_2+4%N_2；

溶解度模型：

$$\begin{cases}C_{r}=\left(\dfrac{\rho}{250}\right)^{k(T)}\exp\left(\dfrac{-5.3368}{(T-273.15)/100}+4.6126\right)\\ k(T)=-0.025784(T-373.15)+4.0432\end{cases} \tag{6-47}$$

为了计算不同压力下单位体积地层中液硫的吸附量，取压降 dp=1MPa，地层孔隙度为 0.05。通过 MATLAB 编程实现计算，在计算的过程中发现，单位体积(1m^3)的岩石中，其压力从 75MPa 降到 40MPa 过程中，从气态中析出的液硫质量为 0～0.26g，如图 6-2 所示，而不同压力范围下气体的质量范围却为 18.1～12.6kg。

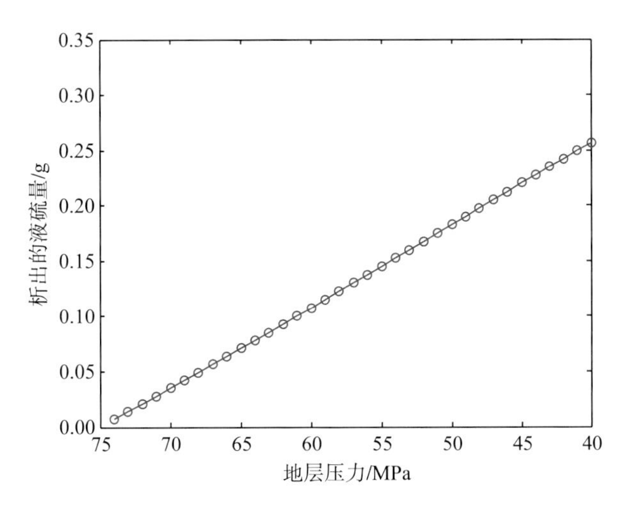

图 6-2　不同压力下单位体积地层中液硫的吸附量

从图 6-2 可以看出，随压力不断降低，析出的液硫不断增加，其增加的速率近似一定值 k=−0.0074。

从上述分析中可以看出，当压力从 75MPa 降到 40MPa 时，天然气中液硫析出的质量很小，但这只是单纯从压力下降角度来考虑液硫的析出量。为了研究液硫析出量对地层孔隙度的影响，若析出的液硫全部吸附在地层中，从最大的伤害程度角度来研究，可以得到不同压力下液硫所占孔隙空间的大小，如图 6-3 所示。

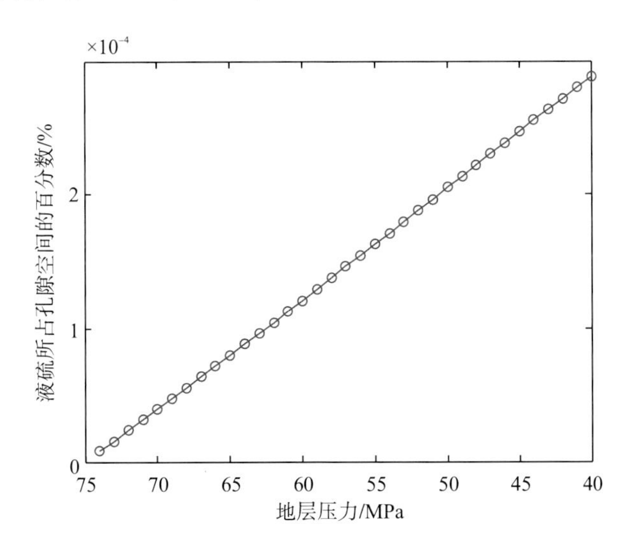

图 6-3　不同压力下地层中液硫的吸附量所占孔隙空间体积

从图 6-3 可以看出，随压力不断降低，析出的液硫所占孔隙空间不断增加，但其值在 $0\sim3\times10^{-4}$，对孔隙度的影响非常地微小。由于孔隙度和渗透率具有一定的正相关关系，所以可以推出其对气体的渗透率影响也很微小。

上述模型的推导和实例分析只是对某单位地层体积单从压降方面来研究液硫析出和吸附对孔隙度的影响。但当地层中的气体流动达到稳定渗流状态后，由于地层中的气体是不断从高压区流向低压区的，所以在地层某处会存在压力降，气体中的硫元素就会析出并有一部分吸附在该处。虽然吸附的量很小，但经过长时间的积累也可能会对地层的渗流能力以及孔隙空间造成一定的影响。为研究这种情况下液硫析出对地层的影响程度，按以下两种物理模型分别计算稳定渗流时的液硫吸附量及其影响。

6.2.1 一维单相稳定渗流液硫吸附模型

设有宽度为 B、厚度为 h、长为 L 的均质等厚带状地层(图 6-4)，使气流方向沿 x 轴正方向。由于是稳定流动，两端保持恒定压力。

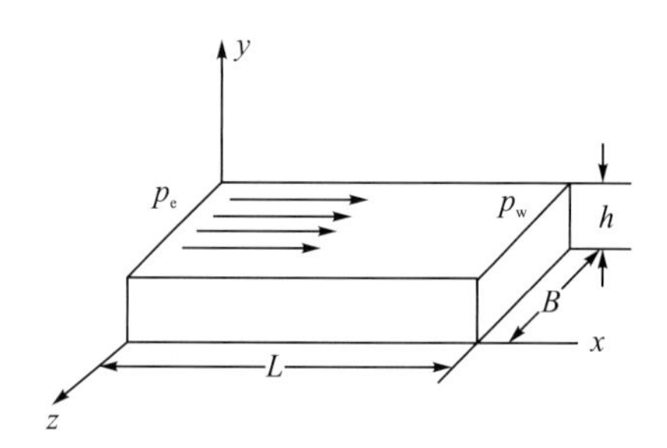

图 6-4 一维稳定渗流模型

根据气体稳定渗流微分方程可知：

$$\frac{d^2\tilde{p}}{dx^2}=0 \tag{6-48}$$

其中，拟压力：$\tilde{p}=2\int_{p_0}^{p}\frac{p}{\mu Z}dp$ 。

经过推导可得到该模型气体渗流压力分布的表达式：

$$p^2=p_e^2-\frac{p_e^2-p_w^2}{L}x \tag{6-49}$$

其微分形式为

$$\frac{dp}{dx}=-\frac{p_e^2-p_w^2}{L}\frac{1}{2p} \tag{6-50}$$

在地层状态下，单位时间内流过单位体积地层的气体体积为

$$V=\frac{Q}{A}B_g \tag{6-51}$$

其中，

$$B_g=\frac{p_{sc}}{Z_{sc}T_{sc}}\frac{ZT}{p} \tag{6-52}$$

气体质量为

$$m=\frac{M_a\gamma_g}{ZRT}pV=\frac{M_a\gamma_g}{ZRT}p\frac{Q}{A}B_g \tag{6-53}$$

当压力下降 dp 时，体积为 dV 的气体中析出的硫质量为

$$m_{\mathrm{s}}=\frac{Q}{A}B_{\mathrm{g}}\cdot \mathrm{d}C_{\mathrm{r}} \tag{6-54}$$

将式(6-34)代入式(6-54)可得

$$m_{\mathrm{s}}=\frac{Q}{A}B_{\mathrm{g}}\cdot k(T)\left(\frac{M_{\mathrm{a}}\gamma_{\mathrm{g}}}{ZRTM}\right)^{k(T)}p^{k(T)-1}\exp(a/T+b)\mathrm{d}p \tag{6-55}$$

根据模型推导的压降公式，同时依据假设条件，令 $\mathrm{d}x=1$，将式(6-50)代入式(6-55)得

$$m_{\mathrm{s}}=\frac{Q}{A}B_{\mathrm{g}}\cdot k(T)\left(\frac{M_{\mathrm{a}}\gamma_{\mathrm{g}}}{ZRTM}\right)^{k(T)}p^{k(T)-1}\exp(a/T+b)\cdot\left(-\frac{p_{\mathrm{e}}^{2}-p_{\mathrm{w}}^{2}}{L}\frac{1}{2p}\right) \tag{6-56}$$

根据质量守恒定律可知，析出硫后气体的质量为

$$m_{\mathrm{g}}=m-m_{\mathrm{s}} \tag{6-57}$$

由式(6-53)、式(6-56)和式(6-57)可得

$$m_{\mathrm{g}}=\frac{M_{\mathrm{a}}\gamma_{\mathrm{g}}}{ZRT}p\frac{Q}{A}B_{\mathrm{g}}-\frac{Q}{A}B_{\mathrm{g}}\cdot k(T)\left(\frac{M_{\mathrm{a}}\gamma_{\mathrm{g}}}{ZRTM}\right)^{k(T)}p^{k(T)-1}\exp(a/T+b)\cdot\left(-\frac{p_{\mathrm{e}}^{2}-p_{\mathrm{w}}^{2}}{L}\frac{1}{2p}\right) \tag{6-58}$$

单位体积岩石孔隙中，混合体的气体质量分数为

$$x_{\mathrm{g}}=\frac{m_{\mathrm{g}}}{m}=1-k(T)\left(\frac{M_{\mathrm{a}}\gamma_{\mathrm{g}}}{ZRT}\right)^{k(T)-1}M^{-k(T)}p^{k(T)-2}\exp(a/T+b)\cdot\left(-\frac{p_{\mathrm{e}}^{2}-p_{\mathrm{w}}^{2}}{L}\frac{1}{2p}\right) \tag{6-59}$$

液态硫的质量分数：

$$x_{\mathrm{s}}=k(T)\left(\frac{M_{\mathrm{a}}\gamma_{\mathrm{g}}}{ZRT}\right)^{k(T)-1}M^{-k(T)}p^{k(T)-2}\exp(a/T+b)\cdot\left(-\frac{p_{\mathrm{e}}^{2}-p_{\mathrm{w}}^{2}}{L}\frac{1}{2p}\right) \tag{6-60}$$

令 $A=k(T)\left(\frac{M_{\mathrm{a}}\gamma_{\mathrm{g}}}{ZRT}\right)^{k(T)-1}M^{-k(T)}\exp(a/T+b)$，根据 Ali-Islam 吸附模型，可知在单位时间内，流量为 Q 时，单位体积岩石的液硫吸附量：

$$n_{\mathrm{s}}'=\frac{-m_{\mathrm{s}}SA\left(\dfrac{p_{\mathrm{e}}^{2}-p_{\mathrm{w}}^{2}}{2L}\right)P^{k(T)-3}}{-SA\left(\dfrac{p_{\mathrm{e}}^{2}-p_{\mathrm{w}}^{2}}{2L}\right)P^{k(T)-3}+\left(m_{\mathrm{s}}/m_{\mathrm{g}}\right)\cdot\left(1+A\dfrac{p_{\mathrm{e}}^{2}-p_{\mathrm{w}}^{2}}{2L}p^{k(T)-3}\right)} \tag{6-61}$$

假设 $t=t_1$ 时，地层中各点液硫吸附量为 M_{s1}，且天然气所溶解的元素硫在所在的地层条件下处于饱和状态。t_1 之后，地层中气体流动处于稳定渗流，地层中某处压力为 p，则地层中的气体由于流动在不同位置上析出的液硫吸附量为

$$M_{s2}=tn_{\mathrm{s}}'=\frac{Q_{\mathrm{L}}}{Q}\frac{-m_{\mathrm{s}}SA\left(\dfrac{p_{\mathrm{e}}^{2}-p_{\mathrm{w}}^{2}}{2L}\right)p^{k(T)-3}}{-SA\left(\dfrac{p_{\mathrm{e}}^{2}-p_{\mathrm{w}}^{2}}{2L}\right)p^{k(T)-3}+\left(m_{\mathrm{s}}/m_{\mathrm{g}}\right)\cdot\left(1+A\dfrac{p_{\mathrm{e}}^{2}-p_{\mathrm{w}}^{2}}{2L}p^{k(T)-3}\right)} \tag{6-62}$$

6.2.2 二维径向稳定渗流液硫吸附模型

假设均匀圆形等厚地层中间一口完善井以一定产量生产，气体稳定渗流的微分方程可以表示为

$$\frac{1}{r}\frac{\mathrm{d}}{\mathrm{d}r}\left(r\frac{\mathrm{d}\tilde{p}}{\mathrm{d}r}\right)=0 \tag{6-63}$$

其中，拟压力：$\tilde{p}=2\int_{p_0}^{p}\frac{p}{\mu Z}\mathrm{d}p$。

经过推导可得到该模型气体渗流压力分布的表达式：

$$p^2=p_{\mathrm{w}}^2+\frac{p_{\mathrm{e}}^2-p_{\mathrm{w}}^2}{\ln\frac{R_{\mathrm{e}}}{R_{\mathrm{w}}}}\ln\frac{r}{R_{\mathrm{w}}} \tag{6-64}$$

其微分形式为

$$\frac{\mathrm{d}p}{\mathrm{d}r}=\frac{p_{\mathrm{e}}^2-p_{\mathrm{w}}^2}{\ln\frac{R_{\mathrm{e}}}{R_{\mathrm{w}}}}\frac{1}{2rp} \tag{6-65}$$

在地层状态下，单位时间内流过单位体积地层的气体体积为

$$V=\frac{Q}{2\pi rh}B_{\mathrm{g}} \tag{6-66}$$

气体质量为

$$m=\frac{M_{\mathrm{a}}\gamma_{\mathrm{g}}}{ZRT}pV=\frac{M_{\mathrm{a}}\gamma_{\mathrm{g}}}{ZRT}p\frac{Q}{2\pi rh}B_{\mathrm{g}} \tag{6-67}$$

当压力下降 $\mathrm{d}p$ 时，体积为 $\mathrm{d}V$ 的气体中析出的硫质量为

$$m_{\mathrm{s}}=\frac{Q}{2\pi rh}B_{\mathrm{g}}\cdot\mathrm{d}C_{\mathrm{r}} \tag{6-68}$$

将式(6-34)代入式(6-68)可得

$$m_{\mathrm{s}}=\frac{Q}{2\pi rh}B_{\mathrm{g}}\cdot k(T)\left(\frac{M_{\mathrm{a}}\gamma_{\mathrm{g}}}{ZRTM}\right)^{k(T)}p^{k(T)-1}\exp(a/T+b)\mathrm{d}p \tag{6-69}$$

根据模型推导的压降公式，同时依据假设条件，令 $\mathrm{d}r=1$，将式(6-65)代入式(6-69)得

$$m_{\mathrm{s}}=\frac{Q}{2\pi rh}B_{\mathrm{g}}\cdot k(T)\left(\frac{M_{\mathrm{a}}\gamma_{\mathrm{g}}}{ZRTM}\right)^{k(T)}p^{k(T)-1}\exp(a/T+b)\left(\frac{p_{\mathrm{e}}^2-p_{\mathrm{w}}^2}{\ln\frac{R_{\mathrm{e}}}{R_{\mathrm{w}}}}\frac{1}{2rp}\right) \tag{6-70}$$

根据质量守恒定律可知，析出硫后气体的质量为

$$m_{\mathrm{g}}=m-m_{\mathrm{s}} \tag{6-71}$$

将式(6-67)、式(6-70)代入式(6-71)得

$$m_{\mathrm{g}}=\frac{Q}{2\pi rh}B_{\mathrm{g}}\left[\frac{M_{\mathrm{a}}\gamma_{\mathrm{g}}}{ZRT}p-k(T)\left(\frac{M_{\mathrm{a}}\gamma_{\mathrm{g}}}{ZRTM}\right)^{k(T)}p^{k(T)-1}\exp(a/T+b)\left(\frac{p_{\mathrm{e}}^2-p_{\mathrm{w}}^2}{\ln\frac{R_{\mathrm{e}}}{R_{\mathrm{w}}}}\frac{1}{2rp}\right)\right] \tag{6-72}$$

单位体积岩石孔隙中，混合体的气体质量分数为

$$x_{\mathrm{g}}=\frac{m_{\mathrm{g}}}{m}=1-k(T)\left(\frac{M_{\mathrm{a}}\gamma_{\mathrm{g}}}{ZRT}\right)^{k(T)-1}M^{-k(T)}p^{k(T)-2}\exp(a/T+b)\cdot\left(\frac{p_{\mathrm{e}}^{2}-p_{\mathrm{w}}^{2}}{\ln\frac{R_{\mathrm{e}}}{R_{\mathrm{w}}}}\frac{1}{2rp}\right) \tag{6-73}$$

液态硫的质量分数：

$$x_{\mathrm{s}}=\frac{m_{\mathrm{s}}}{m}=k(T)\left(\frac{M_{\mathrm{a}}\gamma_{\mathrm{g}}}{ZRT}\right)^{k(T)-1}M^{-k(T)}p^{k(T)-2}\exp(a/T+b)\cdot\left(\frac{p_{\mathrm{e}}^{2}-p_{\mathrm{w}}^{2}}{\ln\frac{R_{\mathrm{e}}}{R_{\mathrm{w}}}}\frac{1}{2rp}\right) \tag{6-74}$$

令 $A=k(T)\left(\frac{M_{\mathrm{a}}\gamma_{\mathrm{g}}}{ZRT}\right)^{k(T)-1}M^{-k(T)}\exp(a/T+b)$，根据 Ali-Islam 吸附模型，可知在单位时间内，流量为 Q 时，单位体积岩石的液硫吸附量为

$$n_{\mathrm{s}}'=\frac{m_{\mathrm{s}}SAp^{k(T)-3}\left(\frac{p_{\mathrm{e}}^{2}-p_{\mathrm{w}}^{2}}{\ln(R_{\mathrm{e}}/R_{\mathrm{w}})}\frac{1}{2r}\right)}{SAp^{k(T)-3}\left(\frac{P_{\mathrm{e}}^{2}-P_{\mathrm{w}}^{2}}{\ln(R_{\mathrm{e}}/R_{\mathrm{w}})}\frac{1}{2r}\right)+\left(m_{\mathrm{s}}/m_{\mathrm{g}}\right)\cdot\left[1-Ap^{k(T)-3}\left(\frac{p_{\mathrm{e}}^{2}-p_{\mathrm{w}}^{2}}{\ln(R_{\mathrm{e}}/R_{\mathrm{w}})}\frac{1}{2r}\right)\right]} \tag{6-75}$$

假设 $t=t_1$ 时，地层中各点液硫吸附量为 M_{s1}，且天然气所溶解的元素硫在所在的地层条件下处于饱和状态。t_1 之后，地层中气体流动处于稳定渗流，地层中某处压力为 p，则地层中的气体由于流动在不同位置析出的液硫吸附量为

$$M_{s2}=tn_{\mathrm{s}}'=\frac{Q_{\mathrm{L}}}{Q}\frac{m_{\mathrm{s}}SAp^{k(T)-3}\left(\frac{p_{\mathrm{e}}^{2}-p_{\mathrm{w}}^{2}}{\ln(R_{\mathrm{e}}/R_{\mathrm{w}})}\frac{1}{2r}\right)}{SAp^{k(T)-3}\left(\frac{p_{\mathrm{e}}^{2}-p_{\mathrm{w}}^{2}}{\ln(R_{\mathrm{e}}/R_{\mathrm{w}})}\frac{1}{2r}\right)+\left(m_{\mathrm{s}}/m_{\mathrm{g}}\right)\cdot\left[1-Ap^{k(T)-3}\left(\frac{p_{\mathrm{e}}^{2}-p_{\mathrm{w}}^{2}}{\ln(R_{\mathrm{e}}/R_{\mathrm{w}})}\frac{1}{2r}\right)\right]} \tag{6-76}$$

6.3　液硫吸附对地层孔隙度的影响

储层岩石固体颗粒以外，还有未被固结物质占据的空间，称为空隙或孔隙。地层孔隙度的影响因素主要包括岩石矿物成分、胶结物、岩石骨架中颗粒的排列方式及分选性，地层埋藏深度等。高含硫气藏中的液硫析出并吸附在地层中，相当于在不流动的岩石骨架上增加了一新的矿物成分。增加的液硫将会占据一定的孔隙空间，从而引起地层孔隙度的降低。

设地层孔隙中沉积的硫的质量为 m_{s}，则沉积的硫的体积为

$$V_{\mathrm{s}}=\frac{m_{\mathrm{s}}}{\rho_{\mathrm{s}}} \tag{6-77}$$

假设析出的液硫在压力下不发生体积变形，则此时地层的孔隙度为

$$\varphi'=\frac{V_{\varphi}-V_{\mathrm{s}}}{V}\times100\% \tag{6-78}$$

整理上式可得

$$\Delta\varphi = \frac{V_{\mathrm{s}}}{V} \times 100\% \tag{6-79}$$

式(6-79)为因液硫析出吸附地层造成的岩石孔隙度变化量。

6.3.1 以一维单相稳定渗流液硫吸附模型为基础进行实例计算及分析

原始气藏压力：$p_{\mathrm{e}} = 75\mathrm{MPa}$；

气藏温度：150℃；

孔隙度：5%；

地层长度：L=1000m；

地层有效厚度：h=2m；

地层宽度：B=7m；

地层气体渗透率：K=3mD；

Ali-Islam 吸附模型中参数取值：S=100；m_{s}=0.05 n_{s}'；n_{s}'=20；$m_{\mathrm{s}}/m_{\mathrm{g}}$=15；

天然气组分：66%CH_4+20%H_2S+10%CO_2+4%N_2。

对于 BW1 组分(66%CH_4+20%H_2S+10%CO_2 +4%N_2)的实验数据，预测模型如下：

当体系压力大于 30MPa 时：

$$\begin{cases} C_{\mathrm{r}} = \left(\dfrac{\rho}{250}\right)^{k(T)} \exp\left(\dfrac{-5.3368}{(T-273.15)/100} + 4.6126\right) \\ k(T) = -0.025784(T-373.15) + 4.0432 \end{cases} \tag{6-80}$$

当体系压力小于或等于 30MPa 时：

$$\begin{cases} C_{\mathrm{r}} = \left(\dfrac{\rho}{540}\right)^{k(T)} \exp\left(\dfrac{-1.8055}{(T-273.15)/100} + 3.0398\right) \\ k(T) = -0.015968(T-373.15) + 2.288 \end{cases} \tag{6-81}$$

上述模型中标准状态下的气体的体积流量为

$$Q = \frac{KA}{2L}\frac{Z_{\mathrm{sc}}T_{\mathrm{sc}}}{p_{\mathrm{sc}}T\bar{\mu}\bar{Z}}(p_{\mathrm{e}}^2 - p_{\mathrm{w}}^2) \tag{6-82}$$

采用法定计量单位，标准状态时取 T_{sc}=293.15K，p_{sc}=0.101325MPa，同时采用目前气田使用的单位，有如下计算关系：

$$\frac{10^{-3}\times10^{4}\times1\times293.15}{2\times10^{2}\times0.101325}\times\left(\frac{1}{0.101325}\right)^2 = 14226.43$$

因此，式(6-82)可写为

$$q_{\mathrm{sc}} = 14226.43\frac{KA}{LT\bar{\mu}\bar{Z}}(p_{\mathrm{e}}^2 - p_{\mathrm{w}}^2) \tag{6-83}$$

式中，q_{sc}——标准状态下的气井产量，$\mathrm{m^3 \cdot d^{-1}}$；

p_{e}——外边界压力，MPa；

p_{w}——井底压力，MPa；

K——气层渗透率，mD；

T——气藏温度，K；

$\bar{\mu}$、$\bar{Z}$——平均压力下的气体黏度和压缩因子。

当 p_w=40MPa 时，$\bar{\mu}\bar{Z}=1.1448\times0.01014$，此时：

$$q_{sc}=14226.43\frac{3\times2\times7}{1000\times423.15\times1.1448\times0.01014}(75^2-40^2)$$
$$=4.8961\times10^5\text{m}^3\cdot\text{d}^{-1}$$

取 dx=5m 来计算地层中液硫的吸附量，1 天作为时间的计量单位，通过 MATLAB 编程计算，可以得到模型一天内不同位置处液硫的析出量，如图 6-5 所示。

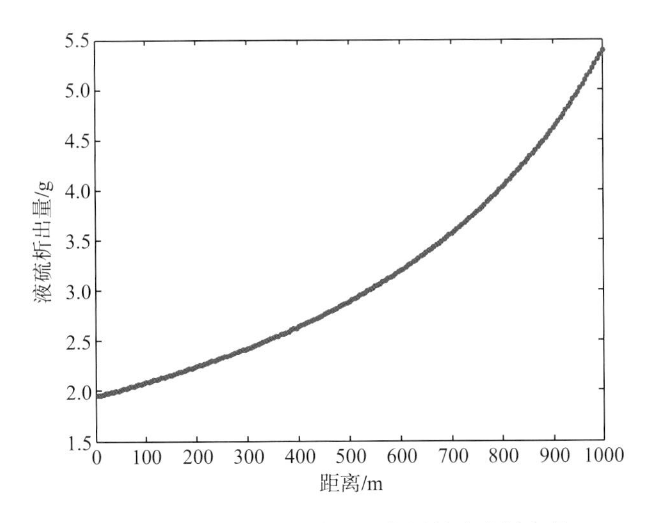

图 6-5 单位生产时间内不同位置的液硫析出量

从图 6-5 中可以看得出，当地面日产量 $q_{sc}=4.8961\times10^5\text{m}^3/\text{d}$ 时，地层中由于气体的流动而造成不同位置上的压力降，导致液硫的析出，析出的液硫量随着距离的增加而快速增大，即析出速率不断增大，这主要是由于在出口端压力降快速增大，1 天时间内每 5m^3 的地层中析出液硫的质量为 1～5.5g。

当 p_w=20MPa 和 p_w=30MPa 时，按照上述方法分析。

(1) 当 p_w=30MPa 时，$\bar{\mu}\bar{Z}=1.10355\times0.00973$，此时：

$$q_{sc}=14226.43\frac{3\times2\times7}{1000\times423.15\times1.10355\times0.00973}(75^2-30^2)$$
$$=6.2137\times10^5\text{m}^3\cdot\text{d}^{-1}$$

(2) 当 p_w=20MPa 时，$\bar{\mu}\bar{Z}=1.06417\times0.00930$，此时：

$$q_{sc}=14226.43\frac{3\times2\times7}{1000\times423.15\times1.06417\times0.00930}(75^2-20^2)$$
$$=7.4549\times10^5\text{m}^3\cdot\text{d}^{-1}$$

通过 MATLAB 编程计算得到产量 q_{sc} 分别为 $4.8961\times10^5\text{m}^3\cdot\text{d}^{-1}$、$6.2137\times10^5\text{m}^3\cdot\text{d}^{-1}$、$7.4549\times10^5\text{m}^3\cdot\text{d}^{-1}$ 时不同位置上单位时间内液硫的析出量，如图 6-6 所示。

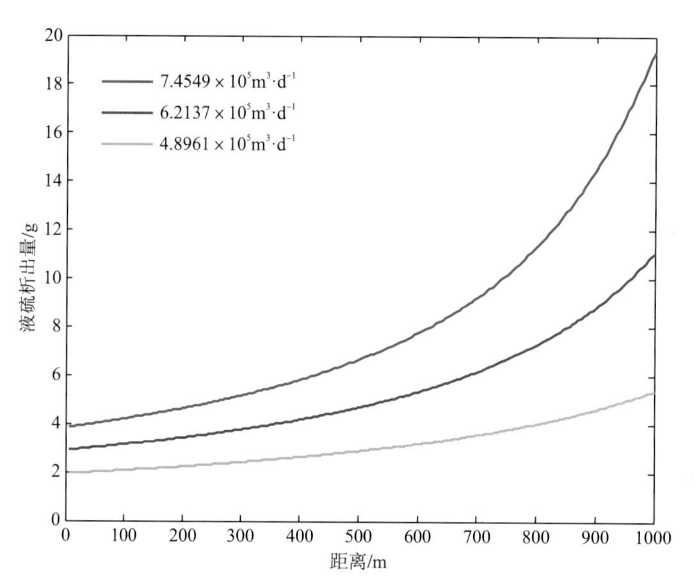

图 6-6 在不同日产量下不同位置上单位时间内液硫的析出量

从图 6-6 中可以看出，当以不同地面日产量生产时，地层中由于气体的流动而造成气体在不同位置上的压力降，导致液硫的析出，析出的液硫量均随着距离的增加而增大，在 0～400m 内，三种不同产量下的压降分布近似，其析出的液硫量增加趋势相似。产量越大，地层液硫析出量越大。在 700～1000m 范围内，由于压降增大，所以其液硫析出速率也逐渐增大。

同样地按照前文的分析方法，当产量依次为$4.8961\times10^5m^3\cdot d^{-1}$、$6.2137\times10^5m^3\cdot d^{-1}$、$7.4549\times10^5m^3\cdot d^{-1}$时，1 天时间内在每 $5m^3$ 地层中流过的气体质量分别为 35230kg、44711kg、53642kg，而其析出的液硫质量为 1～20g。尽管液硫析出量很小，但是通过长时间的积累，会对地层造成一定的影响。单位生产时间(1 天)内，析出液硫所占孔隙空间的百分数如图 6-7 所示。

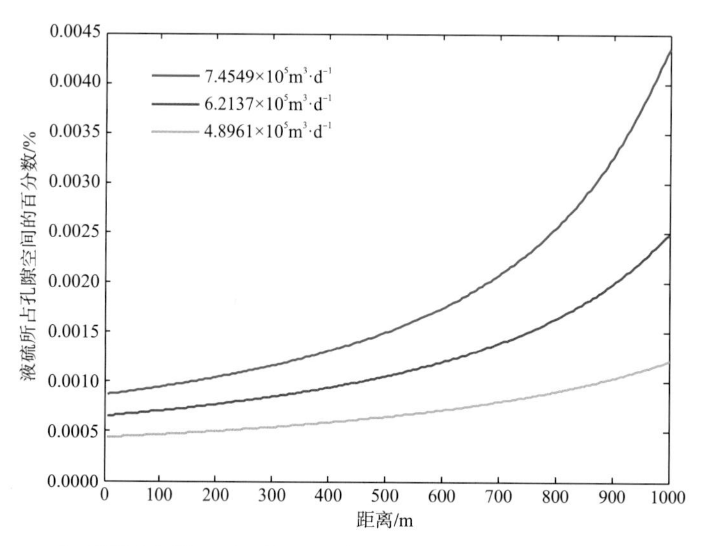

图 6-7 在不同日产量下不同位置上单位时间内析出的液硫所占孔隙百分数

从图 6-7 中可以看出，析出的液硫所占孔隙空间与液硫析出量变化趋势基本一致，这不难理解：液硫析出量越大，其所占孔隙空间的比例越大。

考虑时间效应，研究稳定生产 500 天、1000 天、2000 天液硫析出和吸附对地层孔隙度的影响。

(1) 当产量 $q_{sc}=4.8961\times10^{5}\,m^{3}\cdot d^{-1}$ 时，实验结果如图 6-8 所示。

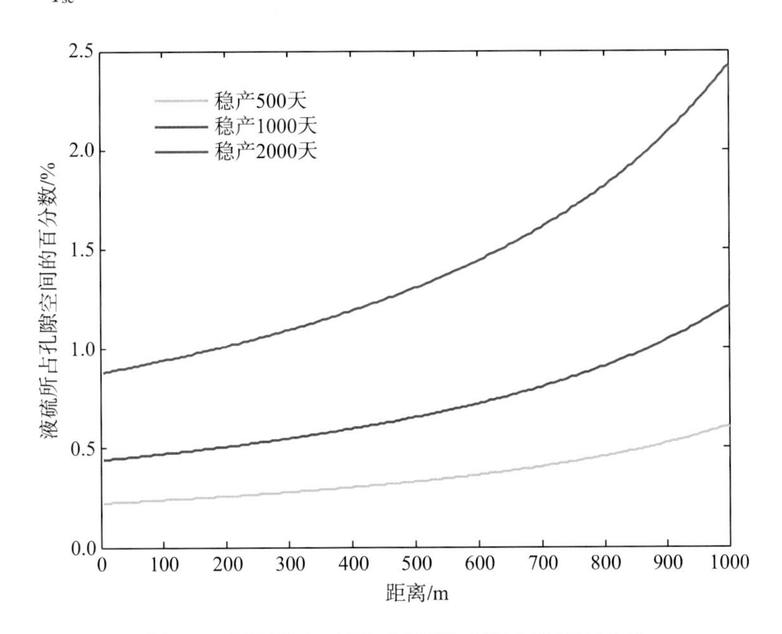

图 6-8　不同稳产时间下液硫析出所占孔隙百分数

(2) 当产量 $q_{sc}=6.2137\times10^{5}\,m^{3}\cdot d^{-1}$ 时，实验结果如图 6-9 所示。

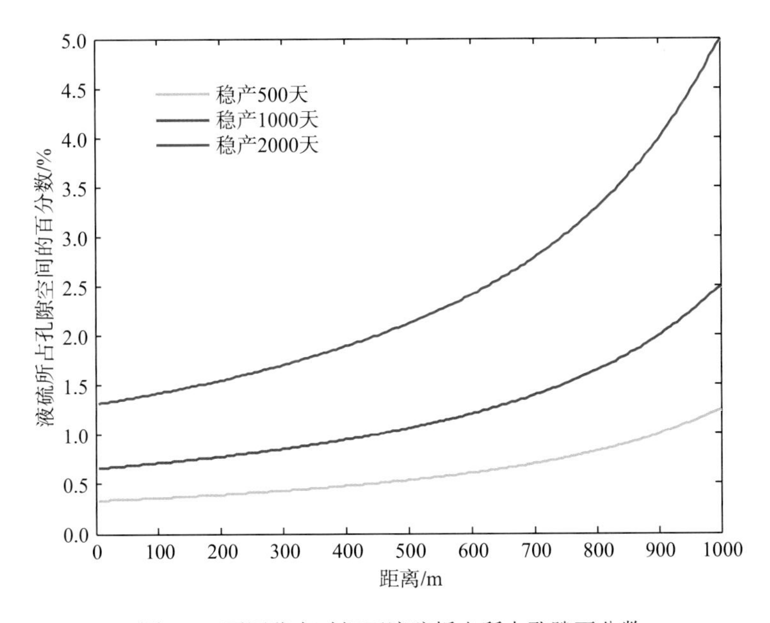

图 6-9　不同稳产时间下液硫析出所占孔隙百分数

(3) 当产量$q_{sc}=7.4549\times10^5\text{m}^3\cdot\text{d}^{-1}$时，实验结果如图 6-10 所示。

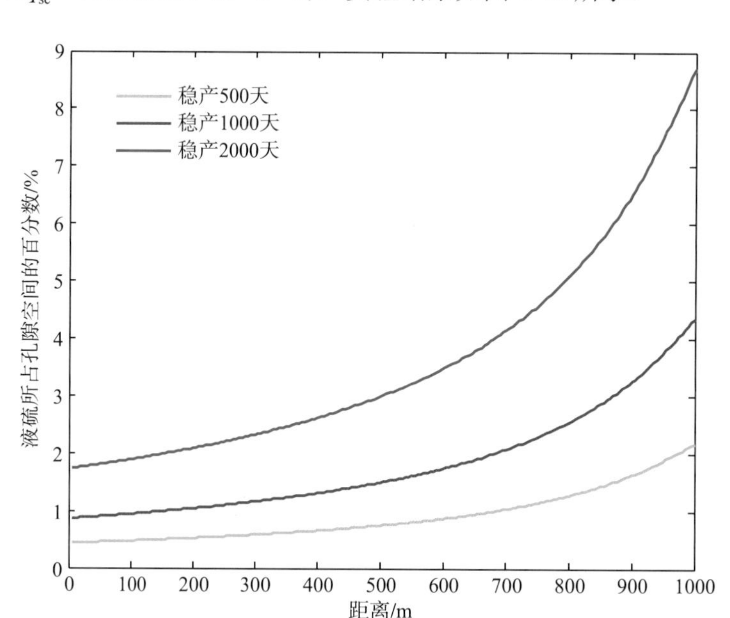

图 6-10 不同稳产时间下液硫析出所占孔隙百分数

从图 6-8～图 6-10 中可以得出，随着生产时间的推移，析出的液硫不断增加，所占的孔隙空间百分数不断增大。假设析出的液硫全部吸附在地层中，即实验结果反映的是最大伤害程度。当产量$q_{sc}=4.8961\times10^5\text{m}^3\cdot\text{d}^{-1}$时，稳定生产 2000 天后，析出液硫所占孔隙空间低于 2.5%；当产量$q_{sc}=7.4549\times10^5\text{m}^3\cdot\text{d}^{-1}$时，稳定生产 2000 天后，析出液硫所占孔隙空间高于 8.5%，且此时液硫析出的速率大于低产量时的析出速率。这表明低产量、低压差生产有利于降低液硫析出对地层造成的损害程度。以高产量生产时，地层中的液硫饱和度将快速增加，从而降低地层气体渗透率，为了维持气井产量，地层压力会进一步降低，从而促使液硫析出，液硫饱和度增加，气体渗透率降低，如此恶性循环，最终结果就是液硫饱和度快速增加，当到达临界流动饱和度时，在地层中形成气液硫两相流动。

6.3.2 以二维径向稳定渗流液硫吸附模型为基础进行实例计算及分析

原始气藏压力：$p_e=75\text{MPa}$；

气藏温度：150℃；

孔隙度：5%；

井半径：R_w=0.1m；

地层半径：R_e=1000m；

地层厚度：h=2m；

地层气体渗透率：K=3mD；

Ali-Islam 吸附模型中参数的取值：S=100；$m_s=0.05n'_s$；n'_s=20；m_s/m_g=15；

天然气组分：66%CH_4+20%H_2S+10%CO_2+4%N_2。

对于 BW1 组分($66\%CH_4+20\%H_2S+10\%CO_2+4\%N_2$)的实验数据，预测模型如下：

当体系压力大于 30MPa 时：

$$\begin{cases} C_r = \left(\dfrac{\rho}{250}\right)^{k(T)} \exp\left(\dfrac{-5.3368}{(T-273.15)/100} + 4.6126\right) \\ k(T) = -0.025784(T-373.15) + 4.0432 \end{cases} \tag{6-84}$$

当体系压力小于或等于 30MPa 时：

$$\begin{cases} C_r = \left(\dfrac{\rho}{540}\right)^{k(T)} \exp\left(\dfrac{-1.8055}{(T-273.15)/100} + 3.0398\right) \\ k(T) = -0.015968(T-373.15) + 2.288 \end{cases} \tag{6-85}$$

上述模型中标准状态下的气体的体积流量为

$$Q = \frac{\pi K h}{\overline{\mu}\overline{Z}} \frac{Z_{sc} T_{sc}}{p_{sc} T} \frac{(p_e^2 - p_w^2)}{\ln(R_e/R_w)} \tag{6-86}$$

采用法定计量单位，标准状态时取 T_{sc}=293.15K，p_{sc}=0.101325MPa，同时采用目前气田使用的单位，有如下计算关系：

$$\frac{3.14\times10^{-3}\times10^{2}\times293.15\times1}{10^{6}/86400}\times\left(\frac{1}{0.101325}\right)^{2} = 774.6 \tag{6-87}$$

因此，式(6-86)可写为

$$q_{sc} = 774.6 \frac{Kh}{T\overline{\mu}\overline{Z}} \frac{(p_e^2 - p_w^2)}{\ln(R_e/R_w)} \tag{6-88}$$

式中，q_{sc}——标准状态下的气井产量，$m^3 \cdot d^{-1}$；

p_e——外边界压力，MPa；

p_w——井底压力，MPa；

K——气层渗透率，mD；

T——气层温度，K；

$\overline{\mu}$、$\overline{Z}$——平均压力下的气体黏度和压缩因子。

当 p_w=40MPa 时，$\overline{\mu}\overline{Z} = 1.28096\times0.01128$，此时：

$$\begin{aligned} q_{sc} &= 774.6 \frac{3\times2}{423.15\times1.28096\times0.01128} \frac{(75^2-40^2)}{\ln(1000/0.1)} \\ &= 3.3218\times10^5 m^3\cdot d^{-1} \end{aligned} \tag{6-89}$$

由于模型中流体流动方向为径向，计算过程中，在距离井眼中心 5m 的范围内，以 dr=0.2m 作为计算步长；在距离井眼 5～10m 处，以 dr=0.5m 作为计算步长；在距离井眼 10～50m 处，以 dr=1m 作为计算步长；在距离井眼 50～500m 处，以 dr=5m 作为计算步长；在距离井眼 500～1000m 处，以 dr=10m 作为计算步长。

以 dr=0.2m 作为计算步长，在距离井眼中心 5m 的范围内，地层中析出的液硫质量如图 6-11 所示。

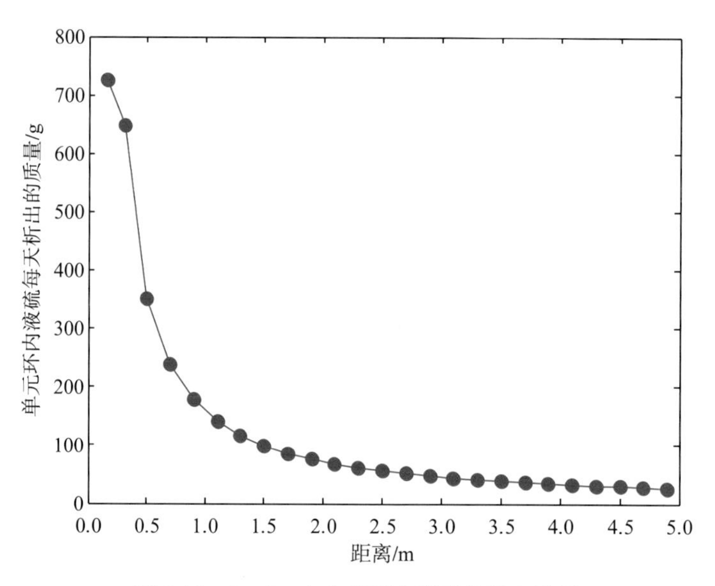

图 6-11 0～5m 内单元环内液硫的析出质量

从图 6-11 中可以看出，在一个单位生产时间内，在靠近井眼中心越近的地方，液硫析出量越大，速度达到 726g·d^{-1}；在距离井眼中心 1m 处，液硫析出量快速降低，变为 140g·d^{-1}，该值仍然为一个较大的析出值；在距离井眼中心 1～5m 处，在单位圆环体积内，液硫每天析出的质量为 20～120g。

以 dr=0.5m 作为计算步长，在距离井眼中心 5～10m 处，单位生产时间地层中析出的液硫质量如图 6-12 所示。

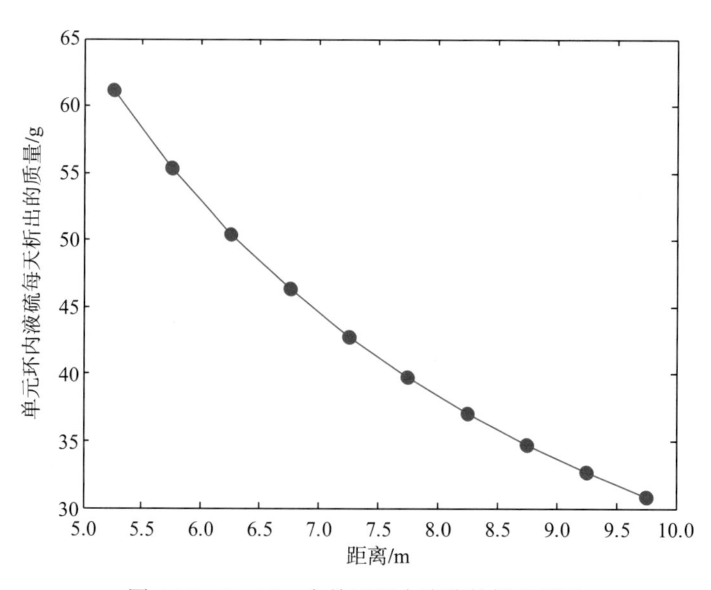

图 6-12 5～10m 内单元环内液硫的析出质量

从图 6-12 中可以看出，在一个单位生产时间内，在距离井眼中心 5～10m 处，液硫析出速度达到 30～65g·d^{-1}，随着距离的增大，液硫析出量减小，且减小的速率在研究地层范围内变化不大。

以 dr=1m 作为计算步长，在距离井眼中心 10～50m 处，单位生产时间地层中析出的液硫质量如图 6-13 所示。

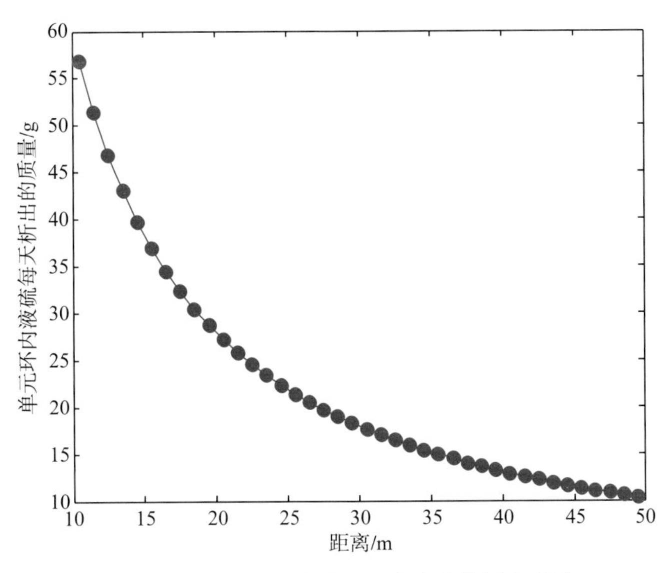

图 6-13　10～50m 内单元环内液硫的析出质量

从图 6-13 中可以看出，在一个单位生产时间内，在距离井眼中心 10～50m 处，液硫析出速度达到 10～60g·d^{-1}，随着距离的增大，液硫析出量减小，且减小的速率在研究地层范围内不断减小。

以 dr=5m 作为计算步长，在距离井眼中心 50～500m 处单位生产时间地层中析出的液硫质量如图 6-14 所示。

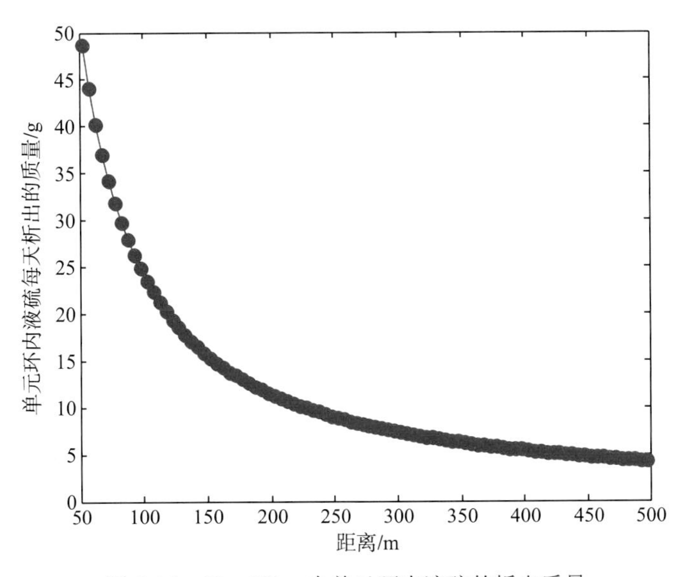

图 6-14　50～500m 内单元环内液硫的析出质量

从图 6-14 中可以看出，在一个单位生产时间内，在距离井眼中心 50～500m 处，液硫析出速度达到 4～50$g \cdot d^{-1}$，随着距离的增大，液硫析出量减小，且减小的速率在研究地层范围内不断减小。

以 dr=10m 作为计算步长，在距离井眼中心 500～1000m 处，单位生产时间地层中析出的液硫质量和图 6-14 具有相同的规律。

从图 6-11～图 6-14 可以看出，越靠近井眼中心，研究的环形单元体体积越小，其析出的液硫质量反而越大，这主要是由于越靠近井底附近的压降越大。

在计算过程中发现，尽管在井底附近析出的液硫量很大，但是其质量相较于该处流动的气体质量来说仍然很小，在计算结果中混合体的气体质量分数和液硫质量分数几乎分别为 1 和 0，即 x_g=1、x_s=0，代入 Ali-Islam 吸附模型计算出液硫的吸附量为 0。其主要的原因还是在于元素硫本身在天然气中的溶解度很小，单位时间内析出液硫的质量对于气体本身的质量来说很小，几乎可以忽略不计，无法采用上述的理论来进行液硫吸附计算，即不能描述地层中液硫吸附量。尽管液硫析出量很小，但是通过长时间的积累，会对地层造成一定的影响。单位生产时间(1 天)内，在距离井眼中心 5m 的范围内，析出液硫所占孔隙空间的百分数如图 6-15 所示。

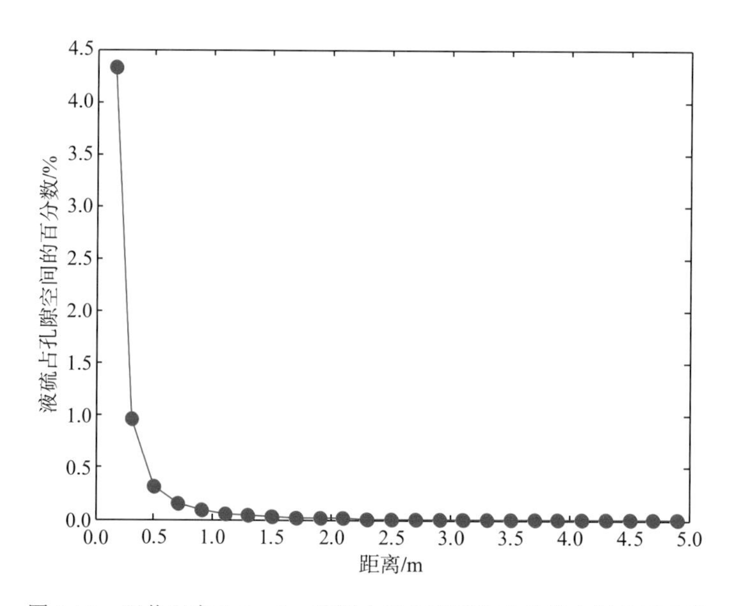

图 6-15 距井眼中心 0～5m 范围内析出液硫所占孔隙空间的百分数

从图 6-15 中可以得出，在距离井眼中心 1m 的范围内，析出液硫所占孔隙空间的百分数高达 4.5%，但是随着距离的增加，其值迅速降低，在 5m 处，其值已降为 0.0024%，和最大液硫饱和度相比，下降幅度非常大。

同样地，可以得到距离井眼中心 5～10m、10～50m、50～500m、500～1000m 处析出的液硫所占孔隙空间的百分数，如图 6-16～图 6-19 所示。

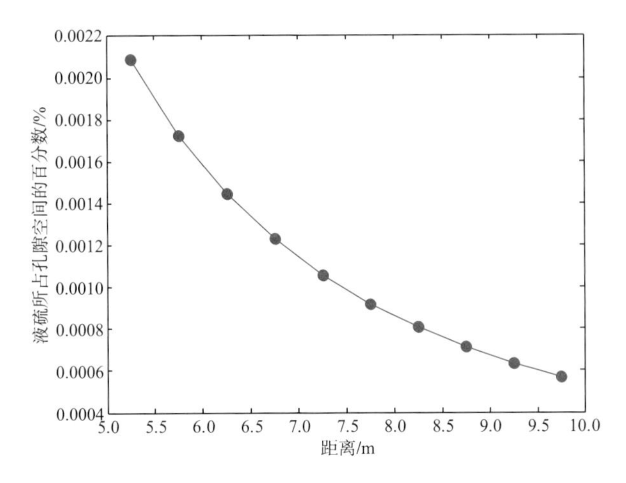

图 6-16　距井眼中心 5～10m 范围内析出液硫所占孔隙空间的百分数

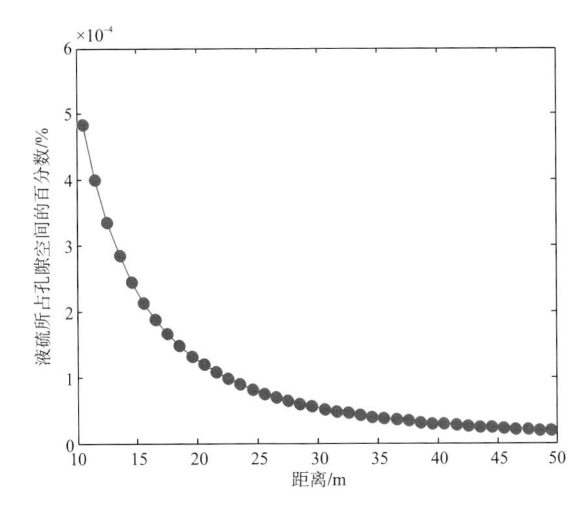

图 6-17　距井眼中心 10～50m 范围内析出液硫所占孔隙空间的百分数

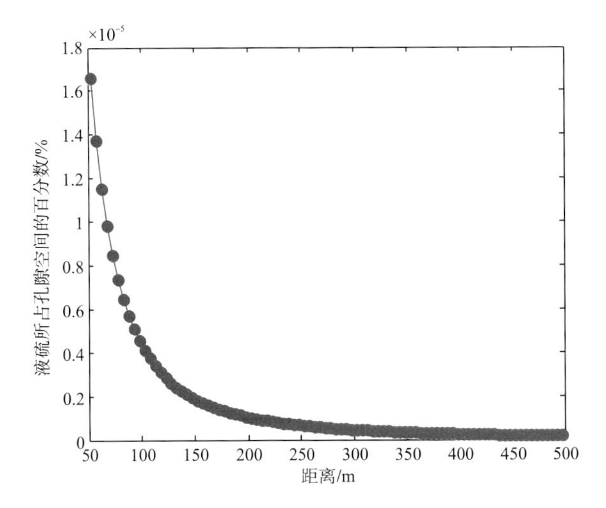

图 6-18　距井眼中心 50～500m 范围内析出液硫所占孔隙空间的百分数

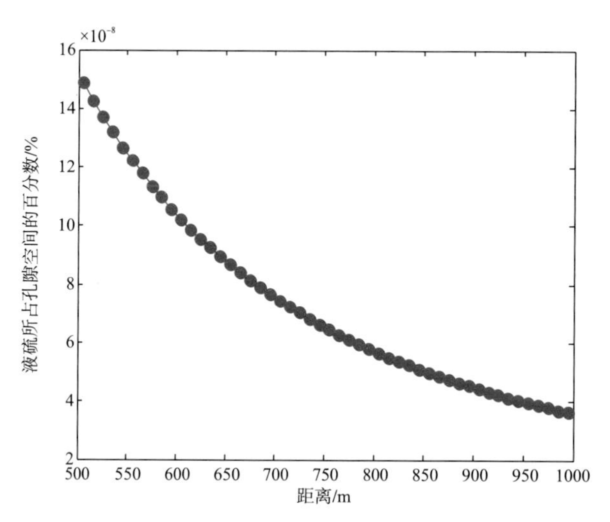

图 6-19 距井眼中心 500～1000m 范围内析出液硫所占孔隙空间的百分数

从图 6-16～图 6-19 中可以看出，距离井眼中心 5～10m、10～50m、50～500m、500～1000m 处析出的液硫所占孔隙空间百分数的范围分别是：$0.59\times10^{-3}\%$～$2.10\times10^{-3}\%$、$0.15\times10^{-4}\%$～$4.90\times10^{-4}\%$、$0.01\times10^{-5}\%$～$1.64\times10^{-5}\%$、$3.90\times10^{-8}\%$～$15.00\times10^{-8}\%$。

考虑时间效应，研究稳定生产 500 天后液硫析出和吸附对地层孔隙度的影响(图 6-20、图 6-21)。

从图 6-20 中可以看得出，按照上述模型计算，稳定生产 500 天后，在井底距井眼中心 0～1m 处析出的液硫量远超过其孔隙空间的体积，按实际生产情况，此处能够吸附在地层中的液硫量不可能这么多，分析其原因，主要是该范围内气体流速非常大，析出的液硫直接被带入井筒中，或者在地层中形成短距离的气液两相流。如果该处的压力降所形成的气体的携带能力或液硫自身的流动能力大于液硫的吸附能力，就会导致一部分吸附硫被携带走，不会吸附在地层中，相对那些气体流速低的地方，其临界吸附量反而会较小。在距井眼中心 1～5m 处析出的液硫量只是孔隙体积的 1%～20%。在该范围析出的液硫，一

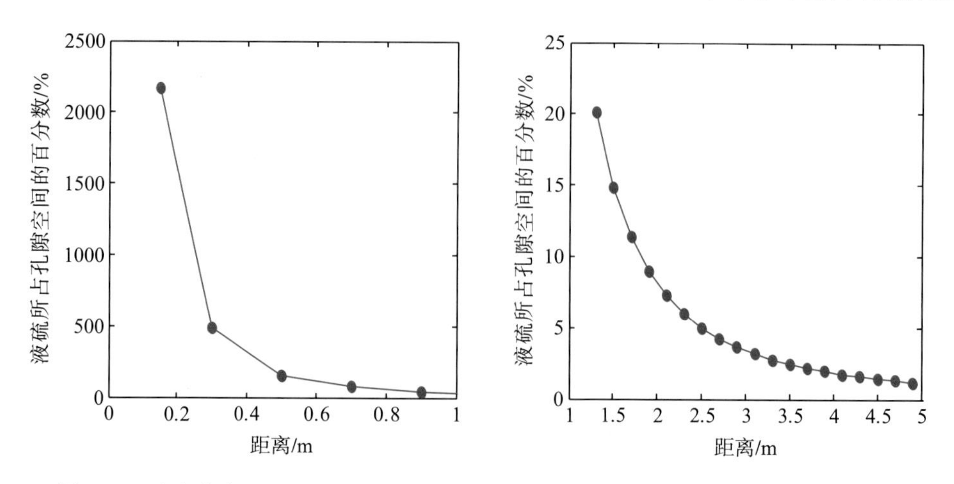

图 6-20 稳定生产 500 天后距离井眼中心 0～5m 处析出液硫所占孔隙空间的百分数

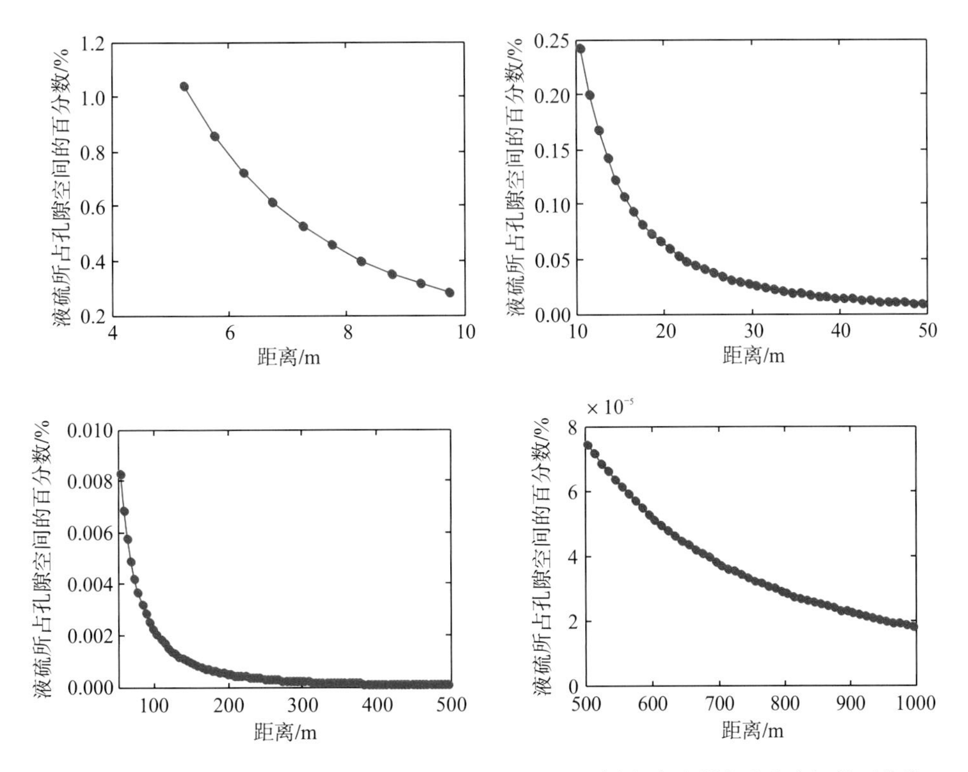

图 6-21 稳定生产 500 天后距离井眼中心 5～1000m 处析出液硫所占孔隙空间的百分数

旦达到临界吸附饱和度，也会出现气液两相流，显然该处的气流速度低于距井眼中心 0～1m 处的气流速度，其液硫临界吸附饱和度可能高于距井眼中心 0～1m 处的液硫临界吸附饱和度。从上述分析中可以得到，高含硫气井在生产的过程中，地层一旦出现气液两相流，一定是先从井底附近开始，然后依次向外围扩散，形成较大范围内的气液两相流。其实一旦地层中出现液硫析出，并吸附在地层，必将降低地层气体渗透率，为了维持气井产量，地层压力将进一步降低，促进液硫析出，增加液硫的饱和度，降低气体渗透率，反过来造成产量降低，如此恶性循环，最终结果就是液硫饱和度快速增加。

从图 6-21 可以看得出，当稳定生产 500 天后，在距离井眼中心 5～1000m 处，液硫析出的体积占孔隙空间的百分数不到 1.2%。

同样地，研究稳定生产 1000 天、2000 天后液硫析出对地层孔隙度的影响(图 6-22、图 6-23)。

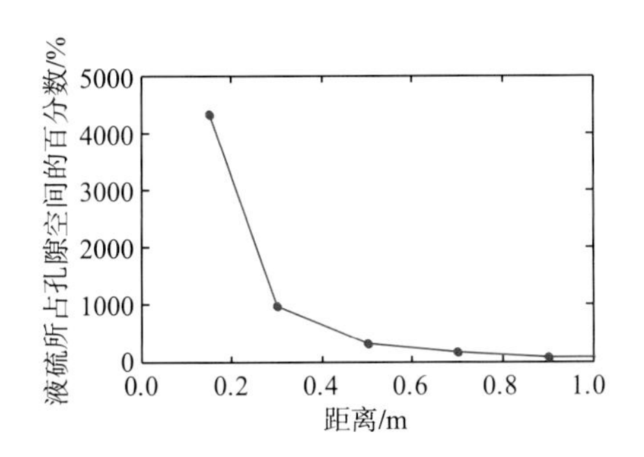

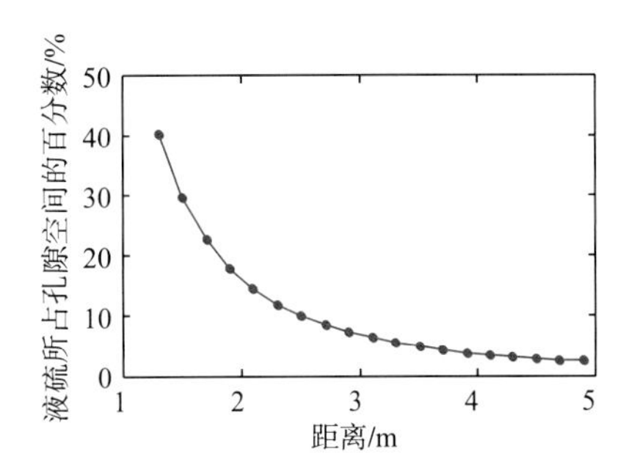

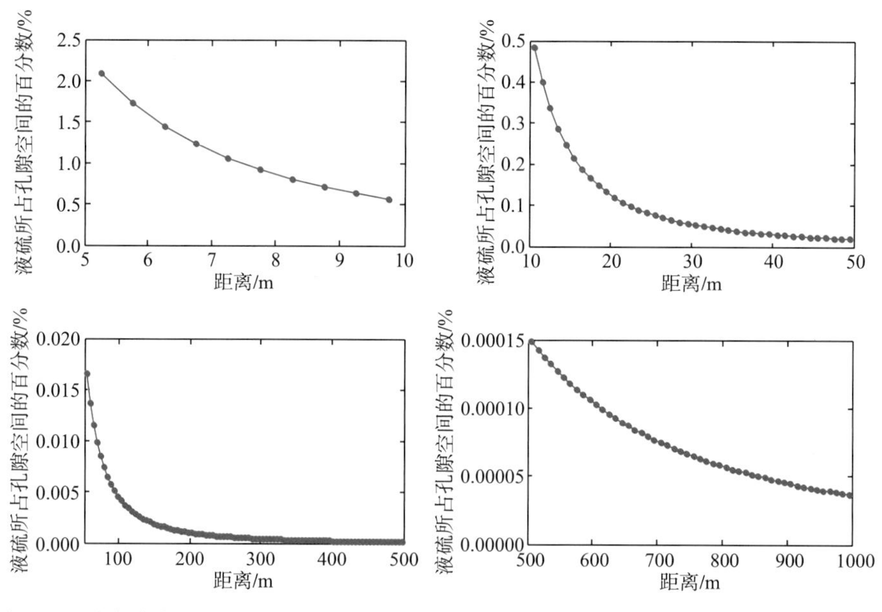

图 6-22 稳定生产 1000 天后距离井眼中心 0～1000m 处析出液硫所占孔隙空间的百分数

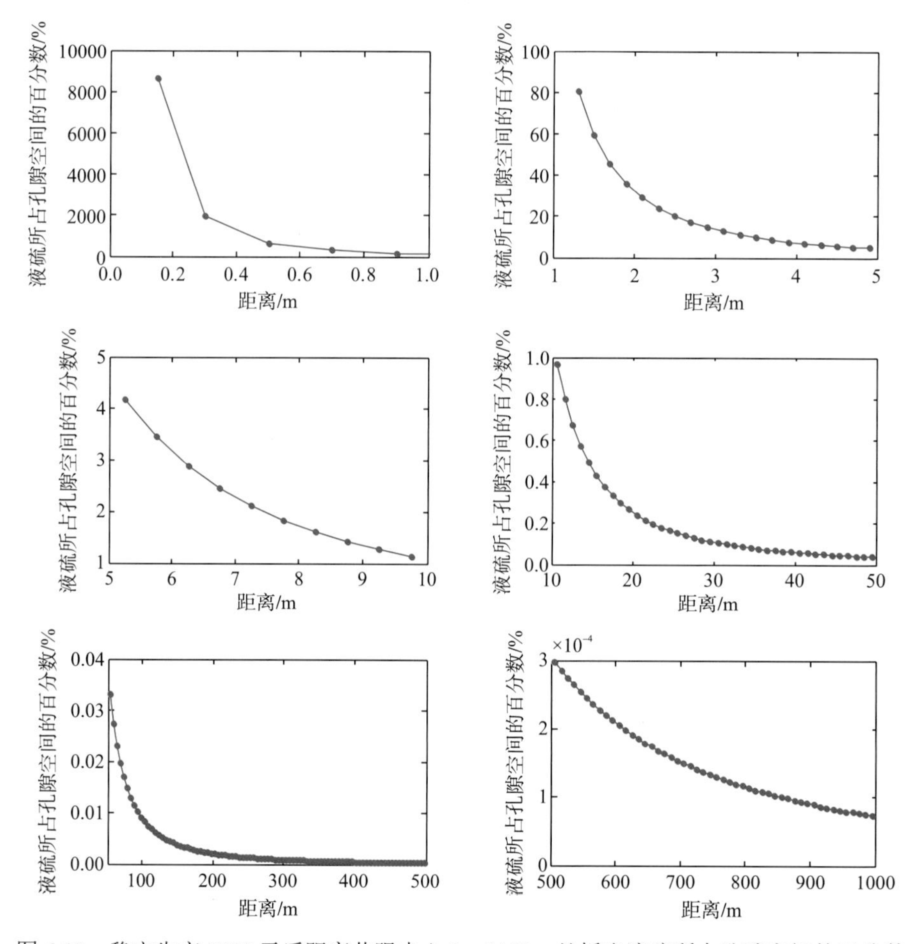

图 6-23 稳定生产 2000 天后距离井眼中心 0～1000m 处析出液硫所占孔隙空间的百分数

从图 6-22、图 6-23 中可以看出，稳定生产 1000 天、2000 天后，液硫析出对地层孔隙度的影响规律与稳定生产 500 天类似。

6.4　液硫吸附对地层渗透率的影响

岩石渗透率是根据达西定律来定义的，其物理意义为：岩心全部孔隙充满单相流体，流体在岩心孔隙中流动，且岩石成分不与流体发生化学和物理化学作用的条件下，流体通过一定截面的岩石孔隙的能力。

从前文分析中可知，当液硫析出并吸附在地层中时，地层孔隙度将发生变化，即岩石的孔隙结构发生变化，因此岩石的渗透性也将因孔隙结构的变化而变化。在碳酸盐岩高含硫油气藏中，用于描述因硫沉积而引起岩石渗透率变化的方法如下。

假设单位体积岩石的总孔隙度为 $\varphi_{\rm i}$，液态硫吸附占据的孔隙度为 $\varphi_{\rm d}$，现有孔隙度为 $\varphi_{\rm s}$，三者关系为

$$\varphi_{\rm s}=\varphi_{\rm i}-\varphi_{\rm d} \tag{6-90}$$

为了能够更加深入地研究液硫吸附对地层渗透率的影响，设地层初始气体渗透率为 $K_{\rm i}$，液硫吸附过程中瞬时气体渗透率为 $K_{\rm s}$，Civan(1989)提出的关于渗透率和孔隙度的关系：

$$\frac{K_{\rm s}}{K_{\rm i}}=\left(\frac{\varphi_{\rm s}}{\varphi_{\rm i}}\right)^3 \tag{6-91}$$

为了扩大上述关系式的应用范围，采用变常数，得到如下关系式：

$$\frac{K_{\rm s}}{K_{\rm i}}=\left(\frac{\varphi_{\rm s}}{\varphi_{\rm i}}\right)^n \tag{6-92}$$

式中，n——关系指数系数；

$K_{\rm s}$——液硫吸附过程中的瞬时气体渗透率；

$K_{\rm i}$——地层初始气体渗透率。

在地层中某处，单位体积岩石内气体体积为

$$\mathrm{d}V=\varphi_{\rm i}(1-S_{\rm wi}) \tag{6-93}$$

当压力下降 $\mathrm{d}p$ 时，体积为 $\mathrm{d}V$ 的气体中析出的液硫吸附量为

$$\mathrm{d}n_{\rm s}'=\frac{m_{\rm s}SAp^{k(T)-2}\mathrm{d}p}{SAp^{k(T)-2}\mathrm{d}p+\left(m_{\rm s}/m_{\rm g}\right)\cdot\left(1-Ap^{k(T)-2}\mathrm{d}p\right)} \tag{6-94}$$

单位体积岩石内液态硫吸附占据的孔隙度：

$$\varphi_{\rm d}=\frac{\mathrm{d}n_{\rm s}'}{\rho_{\rm s}}=\frac{m_{\rm s}SAp^{k(T)-2}\mathrm{d}p}{\left[SAp^{k(T)-2}\mathrm{d}p+\left(m_{\rm s}/m_{\rm g}\right)\cdot\left(1-Ap^{k(T)-2}\mathrm{d}p\right)\right]\cdot\rho_{\rm s}} \tag{6-95}$$

瞬时气体渗透率为

$$K_{\rm s}=K_{\rm i}\left(\frac{\varphi_{\rm i}-\varphi_{\rm d}}{\varphi_{\rm i}}\right)^n \tag{6-96}$$

将式(6-95)代入式(6-96)得

$$K_s = K_i\left(1-\frac{m_s SAp^{k(T)-2}\mathrm{d}p}{\left[SAp^{k(T)-2}\mathrm{d}p+\left(m_s/m_g\right)\cdot\left(1-Ap^{k(T)-2}\mathrm{d}p\right)\right]\cdot\varphi_i\rho_s}\right)^n \tag{6-97}$$

由于液硫的析出和吸附是一个长时间积累的问题，单位时间内压降对其造成的影响几乎是可以忽略不计的，也是无法计算和描述的，所以这里基于前文建立的一维、二维稳定渗流模型以及实例分析，分别以产量 $q_{sc}=6.2137\times10^5\mathrm{m}^3\cdot\mathrm{d}^{-1}$ 和 $q_{sc}=3.3218\times10^5\mathrm{m}^3\cdot\mathrm{d}^{-1}$ 稳定生产 500 天、1000 天、2000 天研究其对地层气体渗透率的影响。

6.4.1 一维稳定渗流模型

当 t=500 天时，通过 MATLAB 编程计算，得到地层液硫吸附对渗透率的影响如图 6-24 所示。

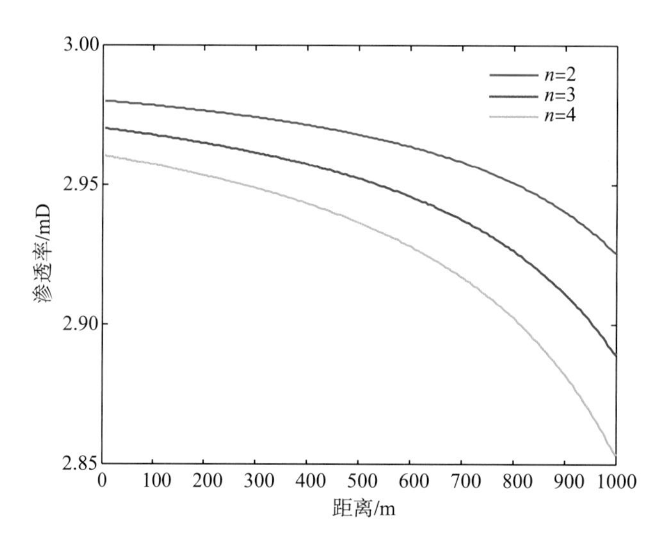

图 6-24 稳定生产 500 天时地层气体渗透率变化情况

当 t=1000 天时，通过 MATLAB 编程计算，得到地层液硫吸附对渗透率的影响如图 6-25 所示。

当 t=2000 天时，通过 MATLAB 编程计算，得到地层液硫吸附对渗透率的影响如图 6-26 所示。

从图 6-24～图 6-26 中可以看出，不管是稳定生产 500 天、1000 天，还是 2000 天后，随着关系指数系数的增大，液硫对地层渗透率影响程度增大。当稳定生产 500 天后，地层渗透率下降最大值在 0.15mD 以内，下降幅度在 5%以内；当稳定生产 1000 天后，地层渗透率下降最大值在 0.3mD 以内，下降幅度在 10%以内；当稳定生产 2000 天后，地层渗透率下降最大值在 0.6mD 以内，下降幅度在 20%以内。在距井眼中心 0～500m 的范围内，地层渗透率下降平缓，而在距井眼中心 800～1000m 范围内，特别是靠近出口端，渗透率下降的幅度变大。

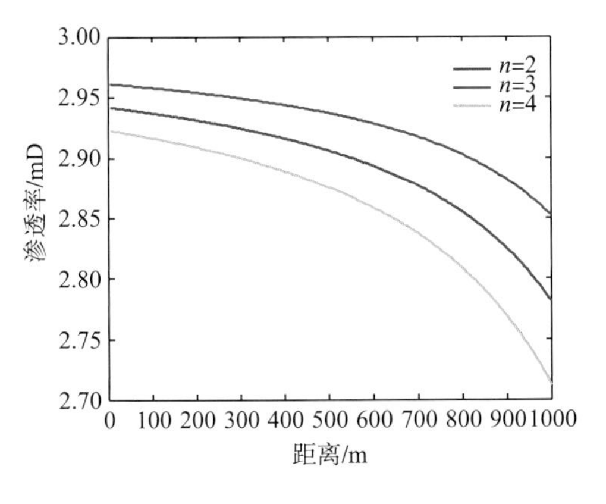

图 6-25　稳定生产 1000 天时地层气体渗透率变化情况

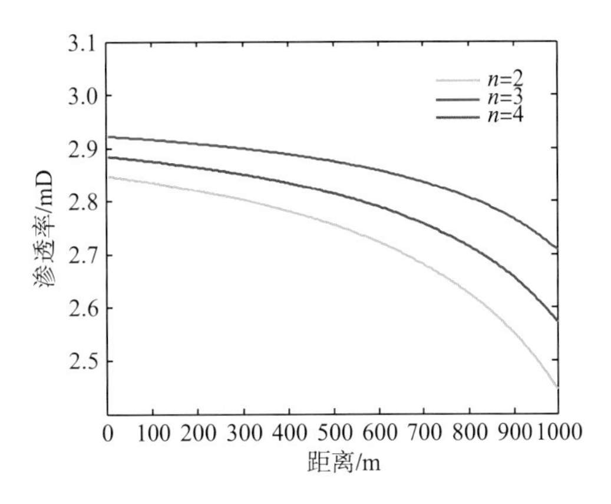

图 6-26　稳定生产 2000 天时地层气体渗透率变化情况

6.4.2　二维径向稳定渗流模型

当 t=1000 天时，根据前文分析的结果，原始渗透率越低，液硫临界吸附饱和度(束缚硫饱和度)越高，气体的渗透率越低。参照稳定生产 2000 天的实验数据，假设当液硫饱和度大于 40%时，液硫开始流动，气体的渗透率为 0.5mD。为了研究方便，假设地层中的液硫析出后就吸附在地层中，且当液硫吸附饱和度到达 40%时，维持该饱和度不变，且地层气体渗透率为 0.5mD。当以产量 $q_{sc} = 3.3218 \times 10^5 \mathrm{m}^3 \cdot \mathrm{d}^{-1}$ 生产 1000 天后，通过计算可知，距井眼中心 1.4m 范围内的液硫饱和度已经超过 40%，因此只需研究 1.4m 以外的气体在地层中的渗透率。

从图 6-27 中看以得到，在距离井眼 1.4m 左右的地方，气体在地层中的渗透率为 0.5～0.6mD。在稳定生产 2000 天的实验过程中，所用岩心的初始气体渗透率为 4.71mD，和实例假设中的初始渗透率(3mD)最接近，实验中当液硫饱和度达到 37.7%时，得到的气体渗透率的值和实例计算值相当接近，这在一定程度上证明了模型的有效性。同时，从图 6-27、

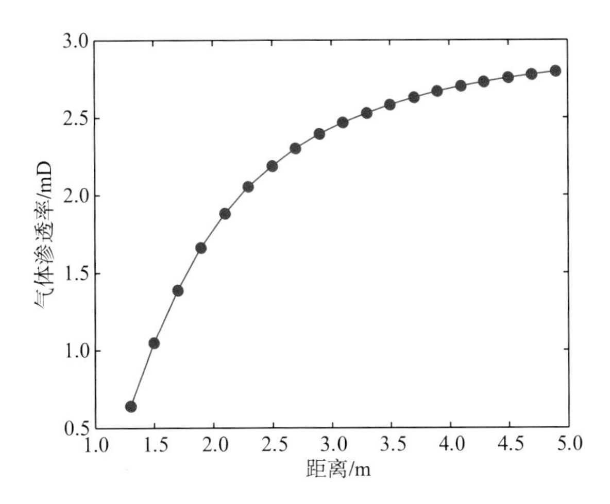

图 6-27　稳定生产 1000 天时距井眼中心 1～5m 范围内气体渗透率变化情况

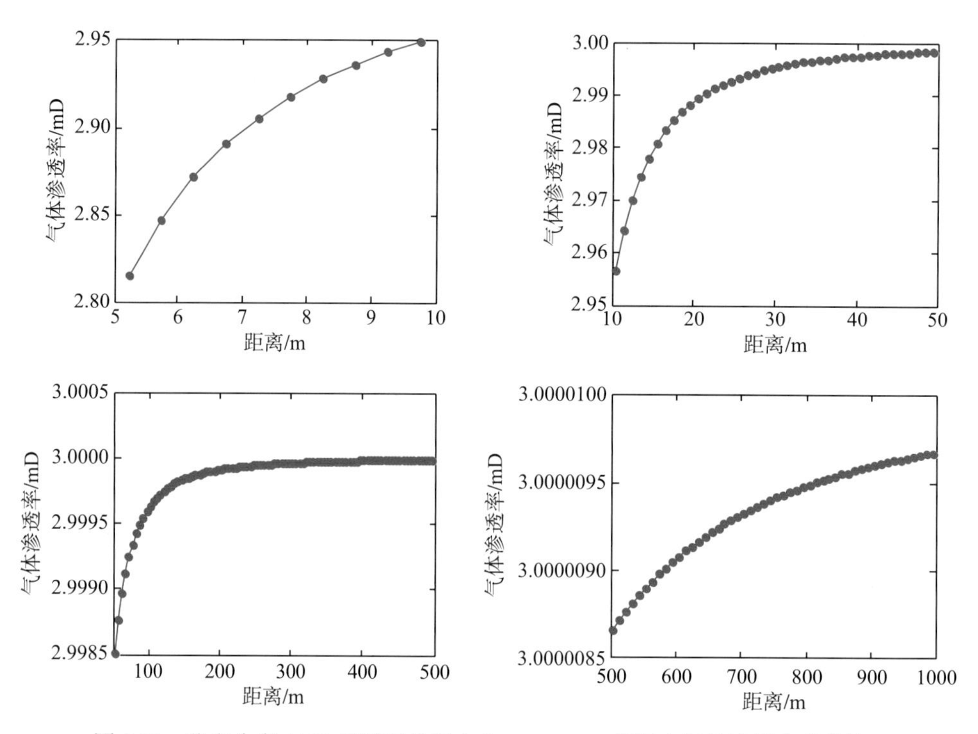

图 6-28 稳定生产 1000 天时距井眼中心 5～1000m 范围内气体渗透率变化情况

图 6-28 也可以发现，地层中气体渗透率发生较大变化的地方是在距井眼中心 5m 范围内，变化范围为 0.5～3mD；其次是距井眼中心 5～10m 的范围，气体渗透率变化范围为 2.8～3mD；离井眼中心越近，渗透率变化越大。在距离井眼 10～1000m 的范围内，气体在地层中的渗透率几乎没有变化。

当以产量 $q_{sc}=3.3218\times10^5\text{m}^3\cdot\text{d}^{-1}$ 生产 500 天或 2000 天后，地层液硫吸附对气体渗透率的影响和稳定生产 1000 天后的变化规律大致相同，主要区别在于稳定生产 500 天后井眼附近气液两相区小，而稳定生产 2000 天后井眼附近气液两相区更大。通过 MATLAB 编程计算，可得到其变化规律如图 6-29～图 6-32 所示。

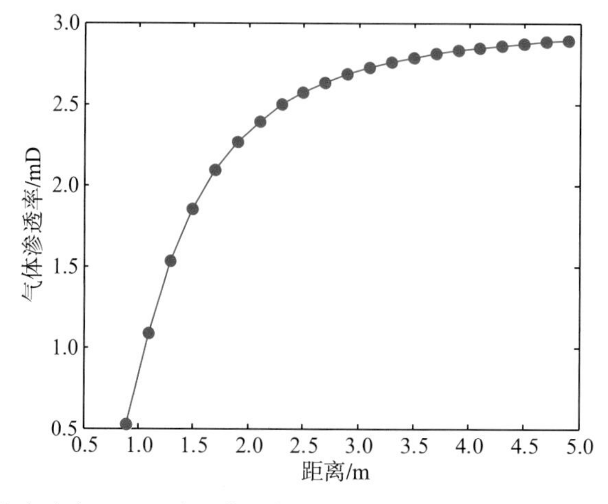

图 6-29 稳定生产 500 天时距井眼中心 0.5～5m 范围内气体渗透率变化情况

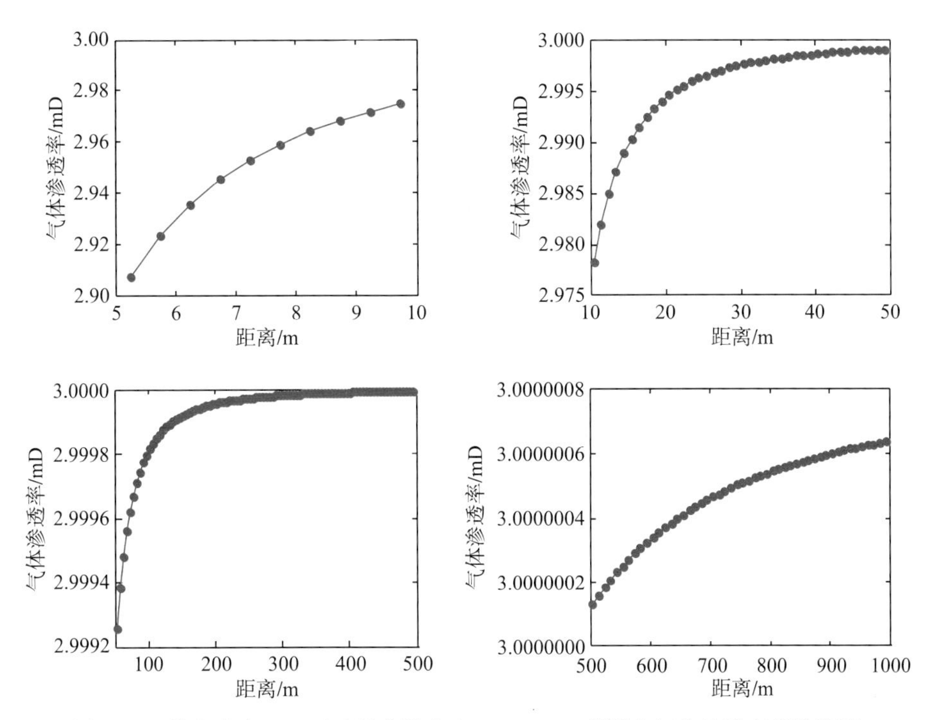

图 6-30　稳定生产 500 天时距井眼中心 5～1000m 范围内气体渗透率变化情况

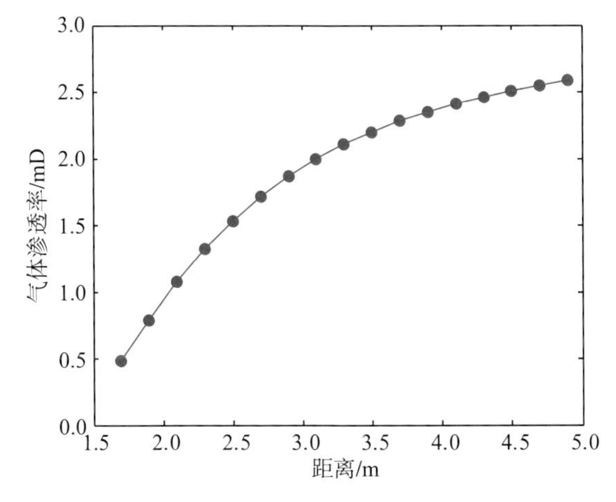

图 6-31　稳定生产 2000 天时距井眼中心 0.5～5m 范围内气体渗透率变化情况

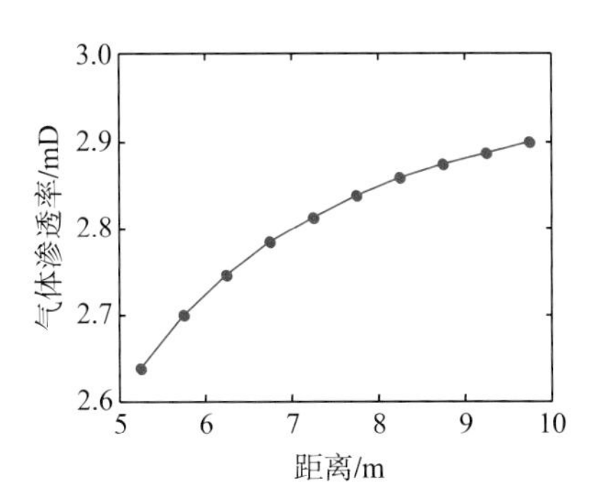

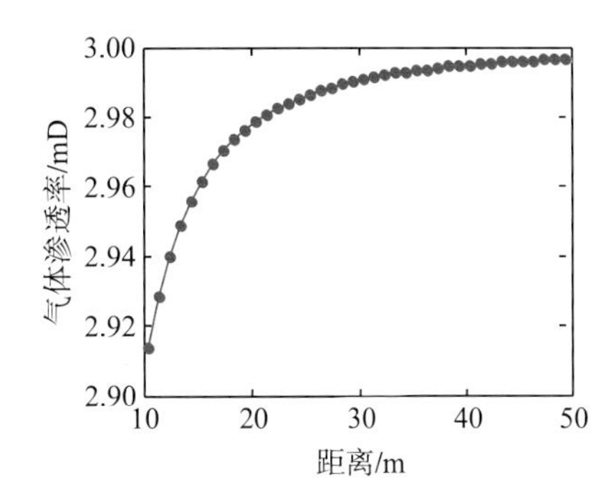

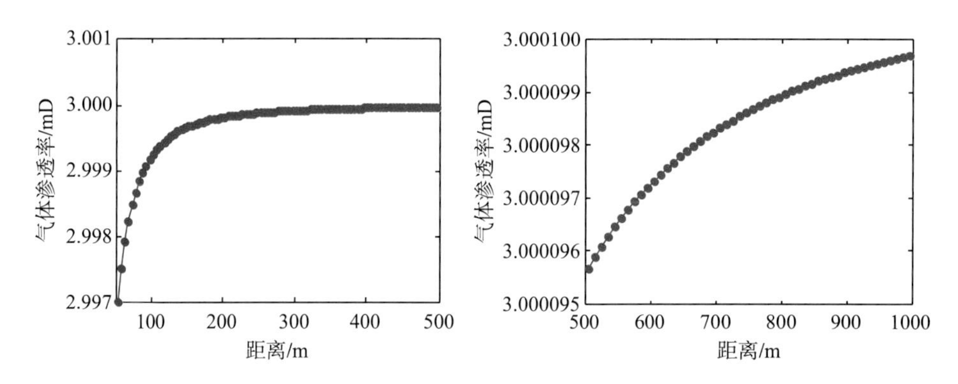

图 6-32 稳定生产 2000 天时距井眼中心 5～1000m 范围内气体渗透率变化情况

从图 6-29～图 6-32 中可以得出：稳定生产 500 天后，地层中气体渗透率为 0.5mD 的位置距井眼中心 0.9m；而稳定生产 2000 天后，地层中气体渗透率为 0.5mD 的位置距井眼中心 1.7m，这正好位于稳定生产 1000 天后地层中气体渗透率为 0.5mD 位置的一半处。这说明，随着开采时间增加，两相流区域不断增大，地层伤害程度随距离增加而增大。

6.5 液硫吸附对气井产能的影响

高含硫气井气体渗流模型的建立基于如下假设条件：

(1) 地层水平等厚，各向同性，储层内部各处原始孔隙度和原始渗透率均相等；

(2) 气体在地层中的渗流为平面径向流，流动服从达西定律；

(3) 气藏边界压力为定压，不考虑地层出水、反凝析、出砂、应力敏感等情况；

(4) 气藏开发过程中地层温度恒定；

(5) 在本研究的初始时刻，地层压力等于元素硫析出的临界压力；

(6) 液态硫在地层沉积后，会对气体渗透率产生相应的影响；

气体渗流连续方程：

$$\frac{1}{r}\frac{\partial}{\partial r}(r\rho v)=-\frac{\partial(\rho\varphi)}{\partial t} \tag{6-98}$$

运动方程：

$$v=-\frac{K_{\mathrm{g}}}{\mu_{\mathrm{g}}}\frac{\mathrm{d}p}{\mathrm{d}r} \tag{6-99}$$

气体状态方程：

$$\rho=\frac{pM_{\mathrm{g}}}{RZ_{\mathrm{g}}T} \tag{6-100}$$

则高含硫气井气体渗流基本微分方程如下：

$$\frac{1}{r}\frac{\partial}{\partial r}\left(\frac{K_{\mathrm{g}}}{\mu_{\mathrm{g}}Z_{\mathrm{g}}}p\frac{\mathrm{d}p}{\mathrm{d}r}\right)=\frac{\partial}{\partial t}\left(\frac{\varphi}{Z_{\mathrm{g}}}p\right) \tag{6-101}$$

气体服从稳定的达西渗流公式，且在计算任意地层压力下的拟函数差时，假设 $\mu_{\mathrm{g}}Z_{\mathrm{g}}$ 可

以用平均地层压力下的 $\bar{\mu}\bar{Z}$ 值代替，因此式(6-101)可进一步转化为

$$Q=\frac{\pi Kh}{\bar{\mu}\bar{Z}}\frac{Z_{sc}T_{sc}}{p_{sc}T}\frac{(p_e^2-p_w^2)}{\ln(R_e/R_w)} \tag{6-102}$$

采用法定计量单位，标准状态时取 T_{sc}=293.15K，p_{sc}=0.101325MPa，同时采用目前气田使用的单位，有如下计算关系：

$$\frac{3.14\times10^{-3}\times10^2\times293.15\times1}{10^6/86400}\times\left(\frac{1}{0.101325}\right)^2=774.6$$

因此，式(6-102)可写为

$$q_{sc}=774.6\frac{Kh}{T\bar{\mu}\bar{Z}}\frac{(p_e^2-p_w^2)}{\ln(R_e/R_w)} \tag{6-103}$$

为了更好地研究液硫吸附对气井产能的影响，将地层中气体的渗透率K看成时间和距离的函数，则令 $K=K(t,D)$，气井产能公式可表示成：

$$q_{sc}=774.6\frac{\bar{K}h}{T\bar{\mu}\bar{Z}}\frac{(p_e^2-p_w^2)}{\ln(R_e/R_w)} \tag{6-104}$$

其中，$\bar{K}$ 可根据 6.4 节中的数据计算出来。由于液硫的吸附，使得地层中不同位置的气体渗透率发生了一定变化。为了更好地计算 $K(t,D)$，假设地层中液硫饱和度超过 40%，且出现气液两相流时，气体渗透率为 0.5mD，并保持不变。同时将地层划分为不同渗流区域，分别计算平均渗透率值，然后再求整个地层的平均渗透率，即 $\bar{K}$ 的值。

通过前面的计算分析可知，当气井生产 500 天后，不同位置地层的渗透率如下：

(1)距井眼中心 0～0.9m 的范围，液硫饱和度高于 40%，出现气液硫两相流，则 K_1=0.5mD。

(2)距井眼中心 0.9～5m 的范围，液硫饱和度低于临界液硫吸附饱和度，气体为单相流，则其平均渗透率计算采用如下公式：

$$K_2=\frac{\int_{0.9}^{5}K(t,D)\cdot2\pi r\mathrm{d}r}{\pi(5^2-0.9^2)} \tag{6-105}$$

通过计算可得到：K_2=2.6369mD。

(3)距井眼中心 5～10m 的范围，液硫饱和度低于临界液硫吸附饱和度，气体为单相流，则其平均渗透率计算采用如下公式：

$$K_3=\frac{\int_{5}^{10}K(t,D)\cdot2\pi r\mathrm{d}r}{\pi(10^2-5^2)} \tag{6-106}$$

通过计算可得到：K_3=2.954mD。

通过计算可知，距井眼中心 10～50m、50～500m 以及 500～1000m 的范围，平均渗透率分别为 $K_4\approx$3mD、$K_5\approx$3mD 和 $K_6\approx$3mD，因此可将这三个层段合并。

则整个层段的平均渗透率为

$$\bar{K}=\frac{\ln(R_e/R_w)}{\frac{1}{K_1}\ln(R_1/R_w)+\frac{1}{K_2}\ln(R_2/R_1)+\frac{1}{K_3}\ln(R_3/R_2)+\frac{1}{K_4}\ln(R_e/R_3)} \tag{6-107}$$

代入实例数据得：$\bar{K}=1.7394\text{mD}$。

同样地，当气井生产1000天和2000天后，计算可得到：$\bar{K}=1.5192\text{mD}$ 和 $\bar{K}=1.1569\text{mD}$。

当井底压力为40MPa时，可以得到不同生产时间后的产量变化情况，如图6-33所示。

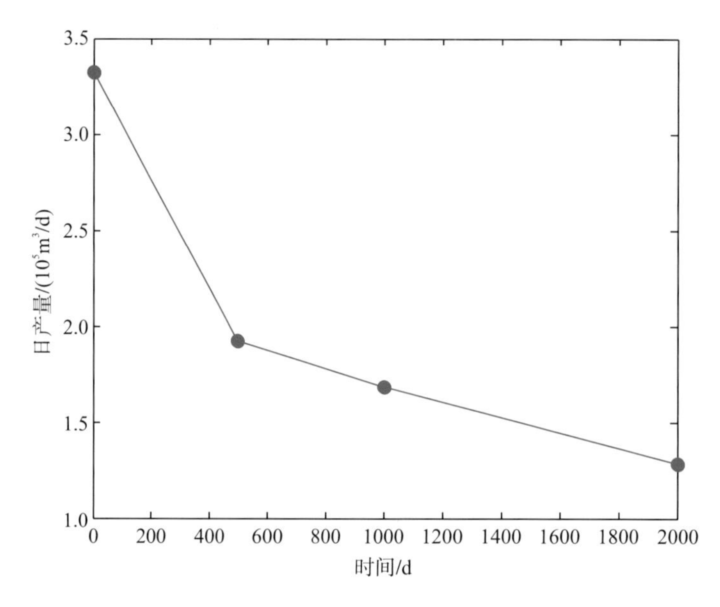

图6-33　不同累积生产时间下产量的变化情况

从图6-33中可以看出，当稳定生产500天、1000天、2000天后，井底产量分别降低42.1%、49.4%和61.5%。一旦液硫析出并吸附在地层，特别是近井地带液硫饱和度的增加，会使得井的产量迅速降低，在随后较长一段时间内会平缓降低。

参 考 文 献

卞小强，杜志敏，陈静，等. 2009. 一种关联元素硫在酸性气体中的溶解度新模型[J]. 石油学报(石油加工)，(6)：889-895.

卞小强，杜志敏，郭肖，等. 2010. 硫在高含 H_2S 天然气中溶解度的实验测定[J]. 天然气工业，3(12)：57-58.

陈磊，李长俊. 2015. 基于 BP 神经网络预测硫在高含硫气体中溶解度[J]. 石油与天然气化工，(3)：1-5.

樊恋舒，张冲，汝智星，等. 2016. 考虑应力敏感效应的高含硫气藏渗流模型研究[J]. 中国科技论文，11(17)：1942-1946.

冯曦，彭先，李隆新，等. 2018. 碳酸盐岩气藏储层非均质性对水侵差异化的影响[J]. 天然气工业，38(6)：67-75.

付德奎，郭肖，杜志敏，等. 2010. 高含硫裂缝性气藏储层伤害数学模型[J]. 石油学报，31(3)：463-466.

谷明星，里群，邹向阳，等. 1993a. 固体硫在超临界/近临界酸性流体中的溶解度(Ⅰ)实验研究[J]. 化工学报，44(3)：315-320.

谷明星，里群，陈卫东，等. 1993b. 固体硫在超临界/近临界酸性流体中的溶解度(Ⅱ)热力学模型[J]. 化工学报，44(3)：321-327.

关小旭，李朋，张砚，等. 2017. 应用 Chrastil 缔合模型计算元素硫在酸性气体中的溶解度[J]. 西安石油大学学报，32(1)：101-107.

郭肖，周小涪. 2015. 考虑非达西作用的高含硫气井近井地带硫饱和度预测模型[J]. 天然气工业，35(4)：40-44.

郭珍珍，李治平，赖枫鹏，等. 2014. 考虑硫沉积的气井流入动态曲线特征[J]. 天然气地球科学，25(12)：2065-2071.

何健，康毅力，刘大伟，等. 2005. 孔隙型与裂缝-孔隙型碳酸盐岩储层应力敏感研究[J]. 钻采工艺，28(2)：84-86.

何林稽. 2017. 高含硫气藏气-液硫渗流规律研究[D]. 成都：西南石油大学.

李洪，李治平，赖枫鹏，等. 2015. 高含硫气藏元素硫溶解度预测新模型[J]. 西安石油大学学报，30(2)：88-92.

李继强，戚志林，胡世莱，等. 2015. 析出硫为液态的高含硫气藏数值模拟方法[J]. 天然气工业，35(11)：40-44.

李留杰. 2017. 高含硫气藏储层井筒一体化模拟研究[D]. 成都：西南石油大学.

李长俊，刘刚，贾文龙. 2018. 高含硫天然气输送管道内硫沉积研究进展[J]. 科学通报，63(9)：816-827.

李周，罗卫华，赵慧言，等. 2015. 硫吸附和地层水存在下的单质硫沉积规律研究[J]. 天然气地球科学，26(12)：2360-2364.

刘晓旭，胡勇，朱斌，等. 2006. 储层应力敏感性影响因素研究[J]. 特种油气藏，13(3)：18-21.

孟凡坤，雷群，何东博，等. 2018. 应力敏感性碳酸盐岩气藏斜井生产动态规律分析[J]. 东北石油大学学报，42(2)：95-102+123.

彭小容，杨永维. 2018. 云安厂气田大猫坪区块长兴组气藏开发动态特征分析[J]. 中国石油和化工标准与质量，38(3)：62-64.

乔海波，欧成华，刘晓旭. 2006. 含硫气体元素硫溶解度预测模型研究[J]. 钻采工艺，29(5)：91-93.

汝智星，胡景宏，樊恋舒，等. 2017. 硫沉积对高含硫气藏气井生产影响[J]. 辽宁工程技术大学学报(自然科学版)，36(11)：1143-1148.

王桥. 2017. 液硫吸附对高含硫气藏开采动态的影响[D]. 成都：西南石油大学.

王秀娟，赵永胜，文武，等. 2003. 低渗透储层应力敏感性与产能物性下限[J]. 石油与天然气地质，24(2)：162-166.

王颖，施雷霆，舒政. 2007. 高含硫气藏硫溶解度的关联和预测研究[J]. 断块油气田，14(7)：57-59.

韦世明，夏阳，金衍，等. 2019. 三维页岩储层多重压力流固耦合模型研究[J]. 中国科学：物理学 力学 天文学，49(1)：40-52.

杨学峰，黄先平，杜志敏，等. 2007. 考虑非平衡过程元素硫沉积对高含硫气藏储层伤害研究[J]. 大庆石油地质与开发，26(6)：67-70.

杨学峰，黄先平，钟兵，等. 2009. 高含硫气体中元素硫溶解度实验测定及计算方法研究[J]. 天然气地球科学, 20(3): 416-419.

杨学锋. 2006. 高含硫气藏特殊流体相态及硫沉积对气藏储层伤害研究[D]. 成都：西南石油大学.

尹小红，刘强，徐峰，等. 2013. 高含硫气藏元素硫溶解度计算方法研究[J]. 内江科技, 34(4): 37-38.

曾平，赵金洲，李治平，等. 2005. 硫在天然气中的溶解度实验研究[J]. 西南石油大学学报(自然科学版), 27(1): 67-69.

张苏，张烈辉，梁斌. 2007. 高含硫气藏元素硫沉积模型研究[J]. 西南石油大学学报, 29(4): 39-42.

张勇，杜志敏，王强，等. 2009. 硫微粒在多孔介质中运移沉积模型[J]. 新疆石油地质, 30(5): 606-608.

赵伦，陈烨菲，宁正福，等. 2013. 异常高压碳酸盐岩油藏应力敏感评价[J]. 石油勘探与开发, 40(2): 194-200.

周浩. 2017. PX 气田高含硫气藏硫沉积实验研究[D]. 成都：西南石油大学.

Abou-Kassem J H. 2000. Experimental and numerical modelling of sulfur lugging in carbonate reservoirs[J]. Journal of Petroleum Science and Engineering, 26(1-4): 91-103.

Adesina F, Churchil A. 2010. Prediction of elemrntal sulphur saturation around the wellbore[J]. Global Journal of Researches in Engineering, 10(2): 31-37.

Al-Awadhy F, Kocabas I, Abou-Kassem J H, et al. 1998. Experimental and numerical modeling of sulfur plugging in carbonate oil reservoirs[C]. SPE49498

Bruce E P, Prausnitz M, O'connell J P. 2000. The Properties of Gases Liquids[M]. New York: McGraw-Hill Book Co.

Brunner E, Woll W. 1980. Solubility of sulfur in hydrogen sulfide and sour gases[J]. Society of Petroleum Engineers Journal, 20(5): 377-384.

Brunner G, Teich J, Dohrn R. 1994. Phase equilibria in systems containing hydrogen, carbon dioxide, water and hydrocarbons[J]. Fluid Phase Equilibria, 100: 253-263.

Chrastil J. 1982. Solubility of solids and liquids in supercritical gases[J]. Journal of Physical Chemistry, 86(15): 3016-3021.

Civan F, Knapp R M, Ohen H A. 1989. Alteration of permeability by fine particle processes[J]. Elsevier, 3(1-2): 65-79.

Du Z, Guo X, Zhang Y, et al. 2006. Gas-liquid-solid coupled flow modelling in fractured carbonate gas reservoir with high H_2S-content[C]. SPE103946.

Fadairo A, Ako C, Falode O. 2012. Elemental sulphur induced formation damage management in gas reservoir[C]. SPE154980.

Fanelli R, Bacon R F. 1941. Verfahren zum abscheiden von schwefeldioxyd aus gasen: DE706833[P]. 1941-06-06.

Forcheimer P. 1901. The water movement through soil[J]. VDI-Z, 45: 1736-1741.

Guo X, Wang Q. 2016. A new prediction model of elemental sulfur solubility in sour gas mixtures[J]. Journal of Natural Gas Science and Engineering, 31: 98-107.

Hands N, Oz B, Roberts B, et al. 2002. Advances in the prediction and management of elemental sulfur deposition associated with sour gas production from fractured carbonate reservoirs[C]. The SPE Annual Technical Conference and Exhibition.

Henderson J H, Dempsey J R, Nelson A D. 1967. Practical application of a two-dimensional numerical model for gas reservoir studies[J]. Journal of Petroleum Technology, 19(9): 1127-1136.

Hu J H, He S L, Wang X D, et al. 2013. The modeling of sulfur deposition damage in the presence of natural fracture[J]. Petroleum Science and Technology, 31(1): 80-87.

Hu J H, Zhao J Z, Wang L, et al. 2014. Prediction model of elemental sulfur solubility in sour gas mixtures[J]. Journal of Natural Gas Science and Engineering, 18: 31-38.

Kennedy H T, Wieland D R. 1960. Equilibrium in the methane-carbon dioxide hydrogen sulfide-sulfur system[J]. Journal of Petroleum Technology, 7(219): 166-169.

Khaled A A F. 2007. A prediction of water content in sour natural gas[D]. Arabic: King Saud University.

Kuo C H. 1972. On the production of hydrogen sulfide-sulfur mixtures from deep formations[J]. Journal of Petroleum Technology, 24(9): 1142-1146.

Lohrenz J, Bray B G, Clark C R. 1964. Calculating viscosities of reservoir fluids from their compositions[J]. Journal of Petroleum Technology, 16(10): 1171-1176.

Mahmoud M A. 2014. Effect of elemental-sulful deposition on the rock petrophysical properties in sour-gas reservoirs[J]. Society of Petroleum Engineers Journal, (8): 703-715.

Mannhardt K, Novosad J J. 2006. Modelling adsorption of foam-forming surfactants on heterogeneous surfaces using the surface excess formalism conception de modèle pour l'adsorption des agents tensio-actifs moussants sur des surfaces hétérogènes en faisant appel au formalisme de l'excès de surface[J]. Oil & Gas Science & Technology, 45(6): 719-731.

Michelsen M L. 1982. The isothermal flash problem. Part I. Stability[J]. Fluid Phase Equilibria, 9(1): 1-19.

Nelson P A. 1987. Rapid phase determination in multiple-phase flash calculations[J]. Computers & Chemical Engineering, 11(6): 581-591.

Panagiotopoulos A Z, Kumar S K. 1985. A generalized technique to obtain pure component parameters for two-parameter equations of state[J]. Fluid Phase Equilibria, 22(1): 77-88.

Roberts B E. 1997. The effect of sulfur deposition on gaswell inflow performance[J]. SPE Reservoir Engineering, 12(2): 118-123.

Roof J G. 1971. Solubility of sulfur in hydrogen sulfide and in carbon disulfide at elevated temperature and pressure[J]. Society of Petroleum Engineers Journal, 11(3): 272-276.

Shedid S A, Zekri A Y. 2002. Formation damage due to sulfur deposition in porous media[C]. SPE73721.

Shedid S A, Zekri A Y. 2007. A novel technique for the determination of microscopic pore size distribution of heterogeneous reservoir rocks[C]. SPE107750.

Shedid S A, Zekri A Y. 2006. Formation damage due to simultaneous sulfur and asphaltene deposition[J]. SPE Journal of Production & Operations, 21(1): 58-64.

Shuai X, Meisen A. 1995. New correlations predict physical properties of elemental sulfur[J]. Oil & Gas Journal, 93(42): 50-55.

Sloan E D, Khoury F M, Kobayashi R. 1976. Water content of methane gas in equilibrium with hydrates[J]. Ind. Eng. Chem. Fund. , 15: 318-323.

Stockman F D, Dempsey J R, Preston F. 1967. Practical application of a two-dimensional numerical model for gas reservoir studies[J]. Journal of Petroleum Technology, 19(9): 1127-1136.

Sun C Y, Chen G Y. 2003. Experimental and modeling studies on sulfur solubility in sour gas[J]. Fluid Phase Equilibria, 214(2): 187-195.

Swift S C, Manning F S, Thompson R E, et al. 1976. Sulfur-bearing capacity of hydrogen sulfide gas[J]. Society of Petroleum Engineers Journal, 16(2): 57-64.

Wool W. 1983. The influence of sour gases upon the melting curve of sulfur[J]. Erdoel Erdgas Zeitschrift, (9): 297-300.